国家出版基金项目
NATIONAL PUBLICATION FOUNDATION

中国卷

世界灌溉工程遗产研究丛书

谭徐明　总主编

曲坝长波润碧湖

陈方舟　著

丽水通济堰

长江出版社
CHANGJIANG PRESS

总序

在世界广袤的大地上，分布着丰富且类型多样的人类文明，古代灌溉工程就是其中之一。直到今天，还有相当数量的古代灌溉工程在持续地为人们提供着生活、灌溉和生态供水服务。现存的古代灌溉工程历经长久考验，没有成为西风残照的废墟，也没有成为书籍中刻板的回忆，而是以与自然融为一体的形态存在，并成为兼具工程价值、科学价值和文化价值的人类文明奇迹。

2014年，国际灌溉排水委员会（ICID）开始在世界范围内评选收录灌溉工程遗产，旨在挖掘、保护、利用和宣传具有历史意义的灌溉工程所蕴含的自然哲理、科学思想、文化价值和实用价值。从2014年至2020年，经由中国国家灌排委员会推荐和国际评委会评审，我国有安徽的芍陂、四川的都江堰等二十处具有历史意义的灌溉工程入选世界灌溉工程遗产名录。由此，古老而丰富的中国灌溉工程遗产向世界又开启了一个了解和认识中国文明史的新窗口，让更多的人走进中国悠久而辉煌的水利史，探索这些工程中蕴藏的人与自然和谐相处的理念和古代贤人因势利导的治水智慧和方略。

粮食充裕则天下稳定，人民安居乐业，而灌溉工程正是在洪涝干旱灾害频发的自然环境下保障粮食丰收的关键所在。中国是灌溉文明古国，历朝历代从一国之君到州县官员无不重农桑兴水利，并确立了从中央到民间权、责、利相互结合的灌溉管理制度。农耕文明下的这些灌溉工程及其管理制度和道德约束，为水利发展注入了民族精神，并在历史的长河中衍生出独特的文化和记忆，使得现存的古代灌溉工程在这一独特的文化滋养下世代相传、经久不衰。每一处灌溉工程遗产都是人与自然和谐相处和可持续发展活生生的实证。

中国 5000 年的农耕文明史中，因水资源禀赋和自然环境差异而建造出类型丰富、数量众多的灌溉工程。留存下来的古代灌溉工程得以延续至今，往往缘于这一灌溉工程在规划、选址、选型、建设和管理上的可持续性，随着科技和社会的发展，其功能和效益仍在扩展中。如安徽寿县的芍陂，是我国历史最悠久的大型陂塘蓄水灌溉工程，它始建于战国时期最强盛的楚国，历经 2600 多年后，至今仍灌溉着 67 万亩农田，并成为今天淠史杭灌区的反调节水库。再如有 2270 多年历史的四川都江堰，是世界上年代最久远、仍在发挥作用的无坝引水灌溉工程。留存至今的古代灌溉工程堪称人与自然和谐相处的典范，是可持续发展的活样板。

抛弃历史的前进，终究是无本之木，善于继承方能更好创新发展。在我们拥有先进科学技术的当代，从灌溉工程遗产中汲取经过历史检验的科学理念、智慧和经验，把现代科学技术与经过历史检验的思想和理念相结合，有助于更好地设计和建造人水和谐与可持续发展的灌溉工程。灌溉工程遗产也是重要的文化传承，在灌区现代化建设的过程中应该同时加强对灌溉工程遗产和灌溉文明的保护，让中华大地上美轮美奂的古代灌溉工程和丰富多彩的灌溉文化依然充满生命力，让历史文化在流水潺潺的水渠、在生机勃勃的田野得到永恒延续发展，为我国灌溉文化的生命传承和建设现代化生态灌区注入不竭的动力。

中国水利水电科学研究院原总工程师
2011—2014 年国际灌溉排水委员会第 22 届主席

2023 年 8 月于北京玉渊潭

丽水通济堰

目 录

世界灌溉工程遗产研究丛书

中国卷

导　言

　　一万年前，一部分新石器时代的先民跨越了崇山峻岭，来到了缙云之墟（今丽水）。在恶溪环绕的山间盆地——陇东，用当时的技术点亮了文明的火种。又大约在四五千年前，当气势恢宏的良渚文明走向没落时，他们的其中一部分成员又跋山涉水来到仙霞岭南麓的大山深处，为丽水的文明播下星星之火。

　　然而，人类在这片"九山半水半分田"的土地上生存并不容易。尽管这里有丰富的水资源，但自崇山峻岭宛转而下的溪流一到多雨季节便如千军万马奔腾而下，在没有深潭盛蓄，没有人工分流筑防的情况下，仅有的寸土也会成为沼泽。而在枯水的秋冬，或农忙的春初，山溪的涓涓细流实不足以滋养人类生存的这片土地，在缺乏系统有效的水利工程前，当地土著民将之喻为"火畈地"。从名字就能推测出，这里难以开展大规模的垦殖活动。先秦以前，此处虽有文明活动的痕迹，一直未成大气候。直到1700多年前的东汉末年，因中原大乱，大量北民带着当时先进的生产技术南迁，为百越带来了新生动力，也为崛起的东吴政权提供了屯田拓疆的技术支撑。通过筑塘蓄水，包括碧湖平原在内的三大山谷盆地的一部分农田得到了充足水源，垦殖指数不断上升，使该区域从无人问津的山野一隅陡然成为浙西南驻军囤粮重地。西晋以后尤其是南朝时期，碧湖平原与松古平原、壶镇平原三处浙西南的山谷

盆地，凭借易守难攻和适宜屯田的地域优势，受到了当时为政者的关注。

然而仅靠陂塘潴蓄支撑农业发展终究有限，易"值久霁辄病暵干"。为此，当公元505年南梁的两位司马为屯田用兵事宜巡视松阳时，在碧湖平原上谋划了一个开创性的灌溉工程。这座灌溉工程通过运用巧妙的工程结构，在长达200多米的河道中筑坝壅水，将松阴溪水引入碧湖平原，又分凿四十八脉支渠与三百余条斗、毛渠，与村间大小陂塘相连，通过在渠道上设置各式控制工程——"概"，以实现蓄引结合，控制分水的功能。从而实现大规模的有效灌溉，后世称之为"通济堰"。然而，从南梁到北宋的500年间，由于工程技术的局限与灌区管理的缺位，当元祐七年（公元1092年）的处州知府关景晖来到碧湖平原时，他看到的只是被洪水冲毁的大坝与残破的堰庙，因而发出了"天下之事莫不有因，久则弊，弊则变，变而复"的感叹。尔后，关知府便主持重修堰渠、立堰庙，将有关通济堰创始的乡间所闻与修缮细则写入碑记，开创了通济堰官督民办的历史。20年后，丽水知县王褆采用县丞叶秉心之策，在主干渠与山溪泉坑水交汇处修建了中国古代第一座水上立交工程——石函，从此这座灌溉工程有了稳定的引水。而南宋知府范成大创立的首部官修堰规，建立了通济堰工程系统的管理、养护制度，奠定了通济堰延绵后世的制度基础。也正因如此，通济堰所灌溉的碧湖平原，因为水的滋润渐渐富饶起来，因为水路交通的通达，渐渐热闹起来。七百年前的碧湖集市上，保定的碗窑、龙泉的青瓷、松阳的木雕、云和的荸荠以及碧湖的白莲争相上市，让这座浙西南的蕞尔小县摇身成为浙西南粮赋的重要产地与温、丽、台、闽的集贸中心。通济堰对碧湖平原的影响，生动、具象地展现了人类如何通过一座科学规划、管理有度的水利工程来改变自然不利因素，以谋求生存发展的过程。

丽水文明的发展是中华文明的缩影，在中国，文明的发源与发展都离不开江河的孕育及滋养。然而，我国特殊的地理气候决定了大部分地区降水量时空分布不均的基本水情，降水量的多寡又与农作物生长的需水期不相适应。因而，兴建各式各样的蓄水灌溉工程成为古代农业社会发展的必然选择。不同的自然背景下各地灌溉工程类型各有差异，其中"堰"是运用广泛、利用河流资源实现农田灌溉，同时兼具防洪排涝、水运交通等综合功能的主要工程类型。"堰"在中国古代水利工程中是一个有特殊含义的术语，它或是单体建筑，或是一座枢纽工程，抑或是一个灌区的统称，如都江堰、它山堰、通济堰等等。据近年来浙江水利遗产调查统计，浙江现存在用千亩以上的堰有400余座，这些古堰不仅是区域的一处文化遗存，更是人类文明发展进程中的历史坐标。"堰"的兴衰史，生动地展现了工程、自然与社会相互顺应、相互博弈、相互影响的过程。

拥有1500多年持续灌溉效益的浙江丽水通济堰，尽管规模与影响不能媲美于造就天府之国的都江堰，成就秦国霸业、润泽关中的郑国渠，但这座工程无疑是丽水乃至整个浙西南发展史卷上浓墨重彩的一笔。我们评价一座工程，视野不应局限于单一的规模或技术，还须关注到一座工程的营造技术所包含的科学内涵与美学意境，一套传世的管理制度所折射出的人文关怀与处事态度，以及因这些工程、制度所衍生的区域文化。这三者交融所产生的价值，才是对传统工程应有的解读方式。

　　而世人首先认识的通济堰，是作为文物的通济堰。1962年，通济堰碑被列为省级文保单位，2001年被国务院公布为第五批全国重点文物保护单位。文保工程对通济堰历史的梳理以及工程建筑的探讨成果，为我们认识通济堰打开了一扇窗。2008年，当大港头与碧湖合体挂牌"古堰画乡"风景区时，通济堰的美学价值以及文旅价值被逐渐挖掘出来，成为一种资源，让更多的人关注到这座古老而富有内涵的工程。然而，偏偏作为一座水利工程的本体价值，以及工程与社会的人文价值关注者鲜少，如1992年沈衣食先生在《丽水通济堰刍议》中对通济堰渠首拦河坝结构的推测；1999年钱金明先生撰写的当代首部通济堰发展史——《通济堰505—1999》，以及2000年与2006年，丽水市水利局和莲都区政府分别出版的《新通济堰史》与《通济堰》，分别从工程历史沿革、灌区民俗文化等角度描述了通济堰与灌区的发展情况，是早期对通济堰历史价值进行挖掘的零星成果。

　　为深入挖掘和展示通济堰丰富的历史信息与文化内涵，客观地阐释通济堰的科学价值，促进通济堰的保护与可持续利用，2011年，中国水利水电研究院水利史研究所、浙江大学文化遗产研究院、浙江省文物考古研究所和丽水市莲都区政府联合申请了国家文物局指南针计划专项项目"丽水通济堰的价值挖掘与展示研究"（文物博函【2011】1513号）。课题组在开展多次实地考察、访谈与资料分析后，对通济堰的价值内涵有了更为系统的了解。当2014年，国际灌排委员会设立"世界灌溉工程遗产名录（The World Heritage Irrigation Structure List）"，并在全球范围内遴选古代水利工程时，通济堰作为价值挖掘程度高、保存好、具有区域代表性特征的优秀传统灌溉工程，当仁不让地入选为第一批世界灌溉工程遗产。

有了世界级标签后的通济堰并没有停止发展向前的脚步。2015年，以通济堰为中心的碧湖中型灌区正式启动。2021年，碧湖新城规划启动，2022年碧湖水系连通工程启动……然而，古老的灌区在新型经济驱动力下，也面临着升级改造与保护的矛盾与困境。作为已被认定的世界遗产和国保单位，通济堰价值地位是毋庸置疑的，它能够代表古代东方水文明中对自然和河流的尊重与顺应。因此保护好、传承好通济堰的核心价值是世界文明的需要，也是中华民族的使命，而科学利用遗产的潜在价值，激发古老工程新的活力，使优秀传统文化为现代区域经济社会发展服务，是对现代人智慧的考验。

一座水利工程，一部社会史。本书通过通济堰产生与发展的时代背景，以关键性事件为节点，将通济堰1500余岁的生命画卷徐徐展开，为您解读每个重要阶段工程体系、工程管理、工程制度的演进，以及工程衍生文化的传承与发展。在漫长且浩瀚的时空长河中，通济堰见证了处州的兴衰起伏，留下了中国古代水工技术的匠心与巧思，承启了过去与现在技术、理念的碰撞与交融，它是一座值得你来细读的工程。

第一章　通济堰与碧湖平原

通济堰是在特有自然环境和社会环境下产生的水利灌溉工程，它的发展进程与碧湖平原各个历史时期的典型环境、社会政治、经济都有着千丝万缕的关联，通济堰的历史文化内涵也因此而丰富。在通济堰发展的 1500 多年历史中，处州的地理位置给予了灌区发展的历史条件。而通济堰的诞生改变了碧湖平原的水系环境，并对碧湖平原内各镇与村落形成产生了潜在影响，如上、中、下三源就是以灌区轮灌顺序命名的。作为农耕时期基本的人居环境单元，灌区水利系统的营建与发展影响到了聚落景观的形成及特色，使碧湖平原呈现出的乡土景观成为浙江西南山区的典型代表。因堰之利，因地之缘，蕞尔之地终究成为阡陌纵横、名扬七邑的粮商重地。作为曾经的丽水附郭，今天的碧湖新城，通济堰为处州书写着一篇篇精彩华章。

第一节　通济堰的地理环境

人类文化的发展必须依托于一定的自然地理环境，它是影响人类文化发展各类要素中最具有持续性与恒定性的内容，因此也成了我们讨论区域文化发展时必须关注的因素。浙江地形有三个基本特点：一是西南高，东北低，西南山地高峻，谷地幽深，主要山峰海拔均在 1500 米以上；二是山地多，平原少，山地丘陵约占全省面积的十分之七；三是有长达 2200 千米曲折蜿蜒的海岸线，在上古时期，文明的发生与消失都与海进海退息息相关。世界上的多数文明，首先从河谷平原起源，就此而言，重峦叠嶂的浙西南并不是文明起源的优质土壤，但却是文明灭绝前保留星星之火的良好避难所。因此在 1 万年前，这里就有了文明的曙光。而在战争时期，这里因"惟处之重岭叠嶂，清流激湍，较他郡为最险，亦最奇"，可使"瓯海之奸萌莫能渡"[①]的地理特点成为兵家必争之地。而在这崇山峻岭间，碧湖平原是为数不多，适宜农业发展的一块平地。这样的地缘特点及水文水资源条件，为碧湖平原早期聚落的形成创造了条件。南方政权将其视为重要的军事后方，在此用兵屯垦，早期碧湖平原因此获得发展，形成了利于农业垦殖的陂塘水系，这些都为后来通济堰灌区的诞生提供了有利条件。

一、地理位置与地形地貌

碧湖平原在浙江西南境括苍山、洞宫山、仙霞岭三山脉交界，北纬 28°06′—28°44′、东经 119°38′—120°08′ 之间。三山脉属武夷山系，分为南、北二支入丽水境；北支来源于福建蒲城，入龙泉、遂昌为仙霞岭；南支来源于福建载云山—鹫峰山，入龙泉、庆元为洞宫山，再向东延伸过瓯江为括苍山，丽水古名"栝苍"由此得来。括苍山是瓯江水系与灵江水系的分水岭，河流两岸地形陡峻，江溪源短流急，河床切割较深，水位暴涨暴落，属山溪性河流。碧湖平原位于瓯江中游大溪左岸，整体呈狭长树叶状，从东南堰

---

①[清]潘绍诒：《（光绪）处州府志·形胜》，收入《中国地方志集成·浙江府县志辑》第 63 册，上海书店，1993，第 65 页。

头村至西北下堰村，东西宽 56 千米，南北长 70 千米，总土地面积 52 平方千米，占据了丽水市内平原面积的 40% 以上，是丽水地区为数不多适宜农业发展的山间盆地，与松阳松谷平原、缙云壶镇平原并称丽水三大平原。它由东、中部河漫滩与西部阶地共同组成，四面环山，东有瓯江一级支流松阴溪合瓯江主流大溪绕对山而过，西靠崇山，多为海拔 800~1000 米的中山，这就造成了平原东西高，中间低，整体由西南向东北倾斜的地形地势。53 ~ 73 米之间的海拔高程，25 米的相对高差，6‰ 的地形坡降，有高溪、苍坑溪、泉坑溪等多条季节性山溪横穿平原汇入大溪。这些地形与水文条件，为通济堰工程的建造提供了先决条件。在早期的农业开发中，碧湖先民利用低洼处开塘潴水，开渠排水，形成一些小型的湖塘沟渠，尽管这些塘渠彼此相对独立，未成体系，但也为通济堰的诞生奠定了基础。

通济堰渠首拦河坝在大溪与松阴溪合口上游 1.2 千米处，旧属处州松阳县境，今为丽水莲都区管辖范围。引水口位于整个碧湖平原的制高点——堰头村，海拔约 73 米，拦河坝横截松阴溪，将溪水壅高，通过渠首引水闸入碧湖平原。整个碧湖平原的渠系依据地理形势营建布局，利用西南—东北的地势落差实现大面积自流灌溉。主渠道迂回贯穿南北，总长达 24.26 千米，流经保定、周巷、碧湖三保、九龙、白口等村镇，支渠与湖塘串联，通过概闸控制各村引水量。自有通济堰后，原本在枯水期犹如火畈的碧湖平原，摇身成为田连阡陌的重要粮区。随着一代代渠系密化与关键性工程技术的发展，灌区供水效益持续扩大，"处州粮仓"的地位被不断巩固，而因灌区农业发展崛起的碧湖镇，因物资丰足、交通便利，一度成为丽水七邑及温、闽一带的集贸中心，素有"邑西都会"之美誉。

浙江省地形图

丽水市地形图

莲都区地形图

图1-1　丽水三大平原、莲都区区位与通济堰灌区辐射区域（李子远绘）

二、气象水文特点

　　碧湖平原所在地区属中亚热带季风气候区，冬夏较长、春秋较短，四季分明，雨热同步，具有明显的盆地气候特征。多年月平均最高气温34.2℃，月平均最低气温2.4℃，极端最高气温41.5℃，极端最低气温 –7.7℃。平原气候资源丰富，雨热条件好，≥10℃年活动积温5400～5700℃，无霜期240～256天，年日照时数1812.5小时，适宜三熟制连作稻及果树等多种作物的生长，因而适宜发展农业。

碧湖平原地属瓯江流域，东缘大溪系瓯江主流，上游龙泉溪在大港头镇汇松阴溪后合称大溪，通济堰拦河坝即建在两水相会上游1.2千米处。而松阴溪，在明代《栝苍汇纪》中被称为"松阳水"，清《处州府志》称其为"松阴溪"或"松川"①。它发源于遂昌县垵口乡贵义岭，至资口佳溪入松阳境。又在松阳港口纳小港溪水，东下至堰头村，部分水入通济堰渠。松阴溪流域地形复杂，两岸多高山峡谷，河流湍急，平均年径流量20.3亿立方米，平均坡降7.8‰。松阳大港以上为松阴溪上游，灌溉松古平原151平方千米内的11万亩（约73.3平方千米）农田。溪水出松谷平原又进入狭窄河床段，平均坡降为6‰，河宽100米，其间多沙卵石。到堰头村后河道渐宽，流速渐缓，平均河宽在200米左右。因松阴溪属山溪性河流，季节性水位变化悬殊，夏季多暴雨，河道水势迅猛，这些环境因素都对通济堰形制与布局产生了影响。

碧湖水文站提供资料显示，1975—2012年碧湖平原多年平均降水量在1544毫米，最丰年为2194.7毫米（1975年），最枯年979.7毫米（1979年）。受季风性气候影响，平原降水多集中在5—9月份，几乎占据全年降水量的68.9%，然而在3—4月农作物育秧期常出现缺水状况。加之夏秋降水大多来自副热带高压带来的台风雨，倘若该年份无台风雨或台风雨量较少，平原气候受东南季风影响表现为低压高温，蒸发量达623毫米，达到全年蒸发量的42%，这种情况下往往易形成夏秋干旱。历史上，碧湖平原平均小旱3~4年一遇，中旱5~6年一遇，大旱20年一遇，干旱季节山溪性河流、山塘水陂易断流、干枯，限制了平原可供灌溉

---

① [明]何镗：《栝苍汇纪·地理纪》，收入《四库全书总目丛书》第七卷，中华书局，2003，第193页。

水量的总额，因而自宋代起灌区就采取了轮灌方式，以达到对有限的水资源进行尽量公平、合理的分配。

图 1-2　碧湖平原水系（李子远绘）

三、灌区水源

历史上关于通济堰的引水水源，说法颇多。北宋开始有通济堰"障松阳、遂昌两溪之水引入圳渠"之说，但光绪《处州府志》中却纠正"遂昌水入松阳合为一溪"，而并非"松、遂二水"[1]。清代的顺治《松阳县志》与光绪《处州府志》都称松阴溪有二源，一支从丁岭分流而下，一支从西岭而下，合于丁口，为北支；下丁口，再行二十里至飞鹤峰前，与南溪合流，行十余里复汇四都濂溪，东注松川栝水以达瓯江，为南支。松阴溪南、北两源会合后称"襟溪"，襟溪入松阳境后方称"松阴溪"。民国《松阳县志》也有同类说法，称松阳水两源，一支发源于遂昌贵义岭，自资口入松阳境，自西北向东南而下至堰头。另一支从松阳县西一百四十里

---

[1] 北宋人关景晖在其《丽水县通济堰詹南二司马庙记》中说"去县而西，至五十里，有堰曰通济，障松阳、遂昌两溪之水，引入圳渠"，意为通济堰有松阳、遂昌二溪作水源，明代官方出版地方志《栝苍汇纪》中也引用了这种说法。但清代光绪《处州府志》提出遂昌水入松阳水合为一溪，而并非"松、遂二水"。

龙松坳发源，自西南达东北，在大港汇入"松川"，为"小港"①。松阴溪在接纳小港后正式步入下游河段。所以宋人所说的松、遂二水，应是指松阴溪的南、北二源。

除松阴溪外，光绪《处州府志》中还记载了通济堰的另外两条水源：

> "通济渠水有三源：一在县西五十里，自宝定庄引松阳大溪入渠，是为大；一在县西四十里，源出白溪，至白口合大渠水，即白溪渠；一在县西四十里，源出岑溪，合白溪水，是为金沟渠。"②

金沟渠在通济堰北，距丽水城20千米处，拦丽水西北十八盘岭岑溪水灌溉。明代万历《丽水县文移》也提到"司马堰下金沟坑，旧筑堤以障水，近被坑水冲决，而十二都、十四都、十五都居民之田颇受其害"，说明当时位于碧湖平原的十二都、十四都、十五都有一部分农田是依靠金沟渠灌溉的。金沟渠水在沙岸、高溪一带与另一水源白溪相接。

白溪源出于横蛮、高畲二山，民国《丽水县志》称其"源出横蛮、高畲二山，历龙潭、朱云坑、折岩、下庄、高溪、湾竹、缸窑、朱村、蒲塘、季店、下陈、赵村、黄山、高低级、白桥诸庄，各置坝以储水，通济渠东北诸田咸资于此"，其上有司马堰、沙堰、朱堰、上陂、黄陂、张堰、陈家堰等诸目③。金沟渠、白溪渠、通济渠三水交汇

---

①［民国］松阳县志编纂委员会：《松阳县志·奥地山川》，收入《中国地方志集成·浙江府县志辑》第63册，上海书店，1993，第193页。

②［清］潘绍诒：《（光绪)处州府志·山川》，收入《中国地方志集成·浙江府县志辑》第63册，上海书店，1993，第77～78页。

③［民国］孙寿之：《民国丽水县志》，收入《中国地方志集成·浙江府县志辑》第63册，上海书店，2000，第221页。

后在白口入大溪。

白溪渠和金沟渠的始凿年代不详。《栝苍汇纪》记载"金沟渠上之金沟堰、白溪渠上之司马堰亦为詹、南二司马所作",故名"官坑堰"与"司马堰"。对此说法无从考证,但南宋赵学老所绘《丽西通济堰图》中明确标出了岑溪、白溪及其上诸堰,可以断定至迟在南宋已有金沟渠与白溪渠,它们是通济大渠的补充灌溉水源。[①]

由于白溪、岑溪属山溪性河流,其水文特征表现为随降雨量变化暴涨暴落,当降水量长期偏少时甚至会出现断流。为增加集水面积,中华人民共和国成立后先后利用岑溪、白溪的老河道建成了兴利库容815万立方米的高溪水库与兴利库容192万立方米的郎奇水库,并在白溪老河道的基础上开挖了碧湖平原的主排涝河——新治河,从而形成了以通济堰、高溪水库、郎奇水库三大子灌区组成的、以蓄、引、提、排相结合的碧湖灌区。碧湖灌区渠道及渠系建筑物见表1-1:

表1-1　　　　　　　　　碧湖灌区骨干水利工程统计表[②]

项目	单位	总干渠	东干渠	中干渠	西干渠	高溪干渠	郎奇干渠	合计
设计流量	米^3/秒	3.23	0.29	0.86	1.56	1.82	1.4	
干渠长度	千米	6.14	3.47	18.12	13.06	11.36	8.89	61.04
已衬砌长度	千米	6.14	1.79	16.72	13.06	9.36	7.67	54.74
干渠衬砌完好率	%	85%	90%	85%	85%	82%	86%	
支渠总长度	千米	10.47	4.9	28.52	56.2	15	4.32	119.41

①曹树基:《中国人口史》第五卷,复旦大学出版社,2001,第110—111页。
②表格数据来源于《浙江省丽水市莲都区农业综合开发碧湖中型灌区节水配套改造项目可行性研究报告》(2015)。

项目	单位	总干渠	东干渠	中干渠	西干渠	高溪干渠	郎奇干渠	合计
已衬砌长度	千米	1.55	0.85	13.41	12.03	7.15	3.36	38.35
支渠衬砌完好率	%	14%	17%	47%	21%	47%	77%	32%
总衬砌完好率		51%						

随着灌区人口与用水需求量的不断增长，为满足新时期对水资源优化配置、灌区安全运行、文物保护提升和社会主义新农村建设的综合需要，莲都区政府于2015年启动了碧湖中型灌区节水配套改造工程。该次改造后，碧湖灌区的灌区覆盖面和灌溉系数都有所增加。2021年，莲都区又提出了"一脉聚三城、两轴带三片"的国土空间开发保护总体格局。"一脉"指的是瓯江人居主脉：干流大溪；"两轴"指的是缙云—云和城镇联动发展轴、松阳—青田城镇联动发展轴；"三城"指的是丽水的北城、南城和碧湖新城，可见碧湖平原对于新时代丽水发展的重要性一如既往甚至更高（图1-3）。作为莲都区高质量绿色发展的主战场、主阵地和主平台，碧湖新区共由"郎奇白口、高溪区块、九龙湿地、碧湖镇区、古堰画乡"五大发展聚落组成，即所谓的"五鱼聚城""堰城模式"。新的发展规划不仅对通济堰灌溉功能提出了更高要求，也预示着需要古堰在发挥传统功能的基础上拓展出更多的功能，以满足多元化的发展需求。于是，在新需求的驱动下，2022年，碧湖平原水系综合整治工程正式启动。这一项目工程将新治河、高溪、郎奇溪、苍坑溪、山根溪与通济堰各支渠连通，并为碧湖灌区增加了一处供水源——玉溪水库（图1-4）。玉溪水库位于云和玉溪水利枢纽上游左岸约600米处，1994年建成，原以发电为主，

2009年开始向碧湖水阁自来水厂供水。而在这次综合整治工程中，将新建一条长达 3.6 千米的输水隧洞，从玉溪水库上游左岸出发，向东北穿越汀州寮、牛弄、溧宁高速、界至岭后，在堰后村东侧和堰后圩对面的山体出洞后直入松阴溪，用以增加通济堰引水量，缓解原有灌区引水不足问题。作为碧湖新区发展的重要引擎，玉溪水库水源的加入，将使碧湖灌区的供水保障覆盖面大大增加，供水水质也将得到有效改善。

图 1-3　新时代丽水"一脉聚三城、两轴带三片"的空间格局
（图片来源于《莲都区国土空间总体规划（2021—2035 年）》）

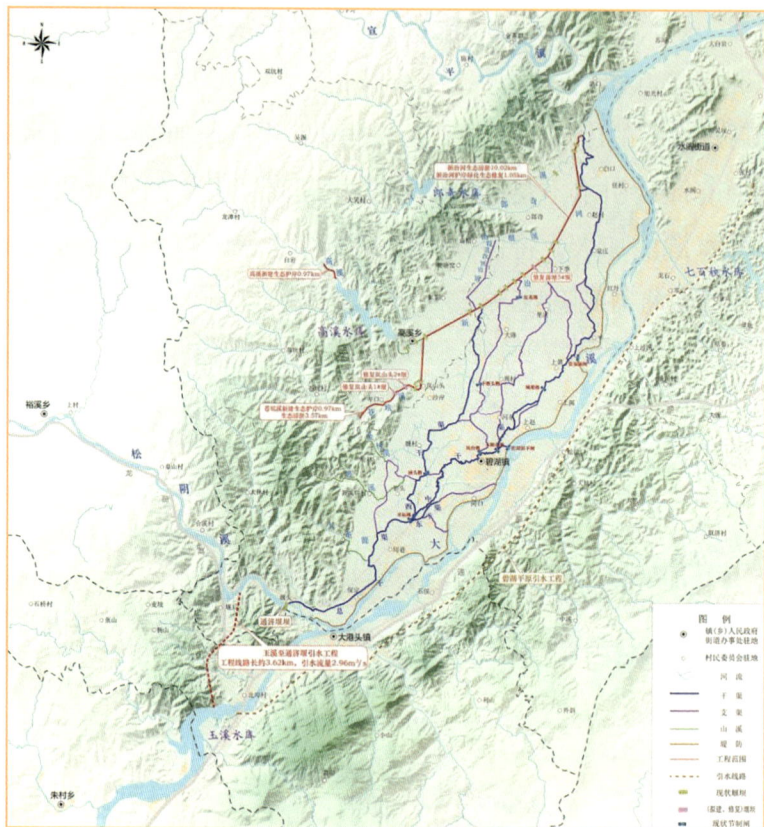

图 1-4　规划中的玉溪水库引水工程

（图片来源于丽水市水利局）

第二节　区域人文简史

　　碧湖平原所在的丽水市，古称处州，又称栝苍（或"括苍"），从两汉设郡到隋代建制的过程反映了处州地区人口数量的增长与政治地位的提升，而这些演变是以农业经济开发为前提的，这也是通济堰工程产生与发展的社会背景。

一、行政区划沿革

历史上丽水建制较晚，上古为缙云之墟，9000 年前缙云县壶镇陇东村人，是至今发现的丽水地区最早的人类聚落，是新石器时代早期代表，与上山文化晚期有着文化传承印迹。而在遂昌县西的好川村，考古学家也发现了距今 4000—5000 年与良渚文化晚期相似的好川文化，可推测在苍茫的历史深处，当海侵的浪涛扑灭两个文明的烈焰时，一些星星之火悄然向西，在浙西南的崇山峻岭重获新生。但是，山区少地多灾，环境艰苦，不利于大规模部落的繁衍生存，一直到先秦早期这里依然被中原人认作瘴气漫布之地。彼时把瓯江流域称作瓯越，瓯越之民"被发文身，错臂左衽"，有着与中原文明的不同的文化特性。在正是这一时期，山海格局发生巨大转变，海退后，人们获得了更多的生存空间，而彼时的越人们也得以从万山深处走出，来到平原。之后，古越国不断壮大，势力范围一度北达齐鲁、东濒东海、西达皖淮、南至赣鄱，当时的瓯越亦在其统辖下。春秋中后期，越为楚灭，而秦并天下后，设闽中郡，辖浙江西南部及福建地区，这是丽水地区最早设郡的记录。西汉惠帝三年（公元前 192 年），越王勾践的十三世孙驺摇反秦有功，被立为"东海王"，特设东瓯国[①]。东瓯国王城设在今温州鹿城，统辖范围包括今温州、丽水、台州一带。西汉七国之乱时，吴王刘濞被太尉周亚夫与大将军窦婴在丹徒击败投奔东瓯国后，汉廷密使游说东瓯王，东瓯王之弟"夷乌将军"欧贞鸣趁劳军之际杀了刘濞将功折罪。因平叛有功，东瓯

---

① ［汉］司马迁：《史记·东越列传》（卷 114），中华书局，1959，第 2979—2984 页。

王欧贞复被封为"彭泽王"，夷乌将军欧贞鸣被封为"平都王"。后，刘濞之子逃亡南下至闽越，即今天的福州地区，唆使闽越王攻打东瓯国。东瓯王向汉朝求救，汉军兵至，闽越撤兵，汉军兵退，闽越复扰。终于，在汉武帝建元三年（公元前138年）东瓯王欧贞鸣战死，其子不堪闽越数番折腾，向汉朝请求纳地归顺，全国迁徙。汉武帝准许后，东瓯王欧望率领部属军队四万多人北上，被安置在江淮流域的庐江郡（今安徽舒城地区），并被降封为"广武侯"，从此东瓯国被并入中央王朝，原封地也被纳入汉朝统治的会稽郡回浦县，治在章安（即今天的临海市）。

由于瓯越之地既不临长江，更远离彼时的政治中心——中原黄河流域，生民寥寥，人迹罕至，开发迟缓。直到东汉末年孙吴政权在江南崛起后，逐步从江浙向岭南开发的过程中，丽水这一带才有了建制。建安四年（公元199年）分章安县，置松阳县，以地处长松山云阳而命名，县治在今松阳县古市镇位置，辖区范围包括今天的丽水地区。东吴太平二年（公元257年），分会稽，立临海郡，松阳属临海郡管辖。东晋明帝太宁元年（公元323年），又分临海郡，设永嘉郡，松阳入永嘉郡。斯时，永嘉郡治永宁（今温州），而松阳县辖区因"四周皆山，一幽都也"，惟大溪一路可通，交通极其不便。直到南朝刘宋时，南方政权出于军事目的努力改造江南生产条件，浙西南也得到了一定开发，松阳、遂昌陆路始通，长江以南水利工程的数量也较前大幅度增长，通济堰亦诞生在这一时期。

隋平陈后，为安抚旧朝属地，裁减州郡，于开皇九年（公元589年）先废金华郡、东阳郡为县，又分松阳之东乡为栝苍县，以栝苍、松阳、永嘉、临海4县置处州，治在今东南大溪和好溪交汇处的古城岛上，这是丽水最早的建制。但彼时并无"丽水"之名。开皇中，改"恶溪"为"丽水"，"丽水"作为一条河名正式出道。

隋开皇十二年（公元592年），又改处州为栝州（又作"括州"）。隋末农民起义时，有李子通于武德二年（公元619年）称帝后占浙江，是时改松阳为松州，复置遂昌以属之，又分栝苍、丽水为二县。唐武德四年（公元621年），李子通被平，沿用旧制，置栝州，设总管府，管松（松州）、嘉（永嘉）、台（台州）三州，栝州领栝苍、丽水二县。八年，废松州为松阳县来属，省丽水入栝苍。唐中期（7世纪）以前，全国经济重心尚在华北地区，江南道属地栝州并未得较多开发，人口不足10万[①]。唐中后期（7—8世纪），全国经济重心开始向江南太湖流域转移，两浙一带经济开发逐渐由杭嘉湖平原向山区平原挺进，浙江地区的州郡行政区域在这一时期逐步定型。唐代宗大历十四年（公元779年）因避太子名，改栝州为处州，栝苍更名丽水，温、处、台三州行政区划设置最终形成，而处州丽水之名沿用至今。此后温、处、台三州格局大致不变，区域内随经济进一步开发时有增设县邑。

两宋时期江南经济开发达到鼎盛，处州作为浙西经济、军事要地，人口亦快速增长达50余万。南宋时处州领7县，为丽水、龙泉、松阳、遂昌、缙云、青田、庆元。其州治丽水领11乡，有九龙1镇；明景泰三年（公元1452年），改元代江浙行省为浙江省，处州府属之，共辖丽水、松阳、缙云、青田、遂昌、龙泉、庆元、宣平、云和、景宁10县；清代沿袭明制，无较大改变。

民国三年（1914年），改行省、道、县三级制，丽水县属瓯

① 曹树基：《中国人口史》第五卷，复旦大学出版社，2001，第110—111页。

海道辖境;民国十六年(1927年)废道制,保留省、县二级,丽水县直属浙江省;民国十九年(1930年)设立行政督察区,丽水县为督察专员公署驻地;1949年至1952年又改丽水特区为专区,直到1968年又改称丽水地区;1986年撤销丽水县,设立县级丽水市,2000年后撤销县级丽水市,设丽水市,辖莲都区;丽水代管龙泉县级市,领青田、缙云、云和、庆元、遂昌、松阳6县及景宁自治县(见表1-2)。

表1-2   丽水历代政区沿革表

朝代		公元纪年	名称	隶属关系
秦		秦王政二十四年 (公元前223年)	未建制	属闽中郡
西汉		惠帝三年 (公元前192年)	未建制	属东瓯地,闽中郡北土
		始元三年 (公元前84年)	未建制	置回浦县,属会稽郡,处州为回浦县地
东汉		建武元年(公元25年)	未建制	回浦入鄞县,处州仍为回浦县地
		章和元年(公元87年)	未建制	分回浦地,置章安县,处州为章安县地
		建安四年 (公元199年)	未建制	分章安县南乡,置松阳县,处州为松阳县地
三国·东吴		太平二年 (公元257年)	未建制	分会稽郡东部,置临海郡,松阳县属之,处州为松阳县地
东晋		太宁元年(公323元)	未建制	分临海,置永嘉郡,统永宁、安固、松阳、横阳四县。处州为松阳县地
南北朝	宋	(公元420—479年)	未建制	隶于扬州永嘉郡,属松阳县地
	齐	(公元479—502年)	未建制	隶于扬州永嘉郡,属松阳县地
	梁	(公元502—557年)	未建制	隶于扬州永嘉郡,属松阳县地
	陈	(公元557—589年)	未建制	隶于扬州永嘉郡,属松阳县地

朝代	公元纪年	名称	隶属关系
隋	开皇九年（公元589年）	栝苍县	分松阳东乡为栝苍县，置处州，领栝苍、松阳、永嘉、临海四县。为处州州治
	开皇十二年（公元592年）	栝苍县	改处州为栝州，为栝州治
	大业三年（公元607年）	栝苍县	栝州改称永嘉郡，为郡治所
唐	武德四年（公元621年）	栝苍县	复置栝州，领栝苍、丽水二县
	武德八年（公元625年）	栝苍县	省丽水入栝苍，属栝州
	贞观元年（公元627）	栝苍县	以嘉州为永嘉、安固来属，分天下为十道，栝州属江南道
	万岁登封元年（公元696年）	栝苍县	分栝苍、永康部分地，置缙云县
	景云二年（公元711年）	栝苍县	分栝苍、松阳地，置青田县
	开元二十一年（公元733年）	栝苍县	分天下为十五道，栝州属江南道
	天宝元年（公元742年）	栝苍县	改栝州为缙云郡，栝苍县属之
	乾元元年（公元758年）	栝苍县	复改郡为州，栝苍属括州
	大历十四年（公元779年）	丽水县	避德宗讳，改栝州为处州，改栝苍为丽水
五代	（公元907—978年）	丽水县	处州领县六，丽水为州治
北宋	太平兴国三年（公元978年）	丽水县	吴越归宋，州治沿袭前代，处州领县六，为丽水、龙泉、遂昌、缙云、青田、白龙；丽水为州治

续表

朝代	公元纪年	名称	隶属关系
南宋	庆元三年（公元1197年）	丽水县	分吴越地为两浙西路、两浙东路；处州属两浙西路，领县七，为丽水、龙泉、松阳、遂昌、缙云、青田、庆元；丽水为州治
元	至元十三年（公元1276年）	丽水县	设江浙行省，立处州路总管府，丽水属处州路
明	景泰三年（公元1452年）	丽水县	设浙江省，改处州路为处州府，领县十，丽水属之
清	顺治二年（公元1645年）	丽水县	统一江南，处州府为浙江省地，治丽水
	宣统三年（公元1911年）	丽水县	丽水光复，立处州军政分府，兼理丽水县事，隶属浙江军政府
中华民国	三年（1914年）	丽水县	行省、道、县三级制，丽水县属瓯海道
	十六年（1927年）	丽水县	废道制，行省、县二级制，丽水县直属浙江省
	十九年（1930年）	丽水县	分设县政督察区，丽水县属第十一区，后改第二特区
	二十四年（1935年）	丽水县	改设行政督察区，丽水县属第九行政督察区
中华人民共和国	三十七年（1948年）	丽水县	改第六区，七月改第七区。丽水县均为督察专员公署驻地
	1949年	丽水县	5月10日，丽水县解放，隶属浙江省第七专区；10月1日设丽水专区
	1952年	丽水县	撤丽水专区，丽水县隶属浙江省温州专区，县镇府由碧湖镇搬至城关镇

续表

朝代	公元纪年	名称	隶属关系
中华人民共和国	1963 年	丽水县	复设丽水专区，丽水县属丽水专区
	1968 年	丽水县	专区改称地区，丽水县属丽水地区
	1986 年	丽水市	撤销丽水县，设立县级丽水市
	2000 年	莲都区	撤销县级丽水市，设丽水市，辖莲都区；丽水代管龙泉县级市，领青田、缙云、云和、庆元、遂昌、松阳 6 县及景宁自治县

我们再回到通济堰所在的碧湖平原。从今天距碧湖镇镇治 3 千米白桥村出土的新石器时代晚期的石器、陶器来看，四千年前碧湖一带已有人类劳动生息。而汉武帝攻打东越与北迁东瓯国的过程中，碧湖作为瓯江流域为数不多的平原，无疑是两次大规模人口流动路线上重要的给养基地。此后三国孙吴政权为站稳江东设立松阳县，彼时前往瓯江下游仅有水路一条，碧湖平原成为松阳县至永嘉郡治永宁县上的重要中转站。待到东晋铁犁、耒耜、牛耕得到推广，农耕生产力大大提升，但在通济堰创建以前，碧湖的农业一直未成规模。直到有了通济堰提供了农业生产所需的稳定水源后，碧湖平原开发速度逐渐提高，唐代还一度将丽水县治设在碧湖平原北部的资溪（今资福村），可见当时这里已属丽水县内开发较好的地区之一。宋代，碧湖之名首次出现在地图中，在赵学老的《丽西通济堰图》中可见当时这里已是一番湖塘星罗、渠系纵横、村如棋布的繁荣景象，丽水西乡也因多碧波荡漾的湖塘而得名碧湖。元至正二十七年（公元 1367 年），碧湖正式建镇，属义靖乡，一直沿用至清。清初碧湖镇分为上、中、下三堡，属义靖乡十五都。雍正年间里改为庄；宣统二年（公元 1910 年）筹

办地方自治，改变行政区划，丽水县以东、南、西、北分为四乡区，碧湖为西乡，设西来区、西靖区、西义区。清末，碧湖分县，由丽水县分管农事的县丞驻衙碧湖。

民国初沿袭清末旧制，仍称西乡，属西义区。民国十七年（1928年）7月，丽水实行街村制，在城为街、在乡为村，碧湖镇撤销。但两年后又改革政制，将丽水划为5个自治区，其中西乡为第四区，重设碧湖镇。民国二十三年（1934年），推行保甲制，分碧湖镇为和平镇、中市镇。次年9月全县乡镇撤并调整，2镇仍合并为碧湖镇。抗战时期，由于杭、嘉、湖沦陷，国民党浙江省政府南迁丽水，大批机关、学校、工厂、商店纷纷往碧湖迁移，碧湖成了战时浙江的大后方。据不完全统计，抗战期间迁入碧湖的省属机关、学校及企业有38家，碧湖镇一度成为浙江的后方基地、浙南的文教重镇。驻镇的省属机关有浙江省保安处、浙江省审计处、浙江省交通管理处、浙江省地方行政干部训练团、浙江省军民合作指导处、浙江省战时政治工作人员训练团、浙江省妇女联合会等；迁入碧湖的省级工厂有浙东电力厂、浙江化工厂、浙江制革厂、浙江交通工具制造厂、浙江碧湖化学实验厂、浙江富民磨粉厂等；学校有杭州高级中学、杭州初级中学、杭州师范、杭州女子中学、湖州中学、嘉兴中学等七所名校，当时组成了省立临时联合中学、省立临时联合师范及其附属小学、省立高级商业职业学校、省立五峰小学等，还有私立杭州武德中学和战时儿童保育会浙江分会第一儿童保育院等。省立联中云集全省教育界众多知名人士，为战时培养储备了大量优秀人才。随着碧湖对于浙江的政治地位的提高，民国二十六年（1937年）11月，复碧湖区、辖碧湖镇。二十八年（1939年）2月，设碧湖区公所。

1949年5月，碧湖解放后，于9月废除旧制，建立县、区、乡、镇人民政权，碧湖改县属镇，成为中共丽水县委、县人民政府驻地，其范围包括碧湖、湖口、采桑、下汤。1952年5月县委、县政府迁城关镇后，为碧湖区公所驻地。1958年，河东、上赵村、黄畔划入碧湖镇范围内，并实行人民公社制，次年又恢复镇建制。1961年12月，恢复区建制，直至1982年后又改回镇制。1963年时，遂昌县联溪公社堰后、堰头、大林、麦垟4个大队并入碧湖区新合公社，1983年后新合乡、平原乡、石牛乡、联合乡也陆续并入。1992年5月，撤销原碧湖区和石牛、新合、平原3个乡，同并入碧湖镇。到2001年时，为莲都区第一大镇，辖第一、第二、第三3个居民委员会，采桑、河口、上街、下街、行口、碧一、上赵村、河东、沙岸、古井、石牛、新亭、泉庄、任村、下圳、白桥、赵村、郎奇、蒲塘、白口、平一、平二、平三、红坪、下叶、白河、周村、道士豚、下概头、红叶、下季村、里河、大陈、章塘、上阁、资福、上黄、松坑口、下南山、上南山、箬溪、外斜、张坳、大济、贵坪、大坑、周巷、下梁、概头、三峰、前林、魏村、岩头、箬溪口、外寮、堰后、堰头、保定、麦坡59个村民委员会，共62个群众自治组织；下设3个居民小组、470个村民小组。2012年，原高溪乡也加入了碧湖镇，碧湖范围进一步扩大。2014年，碧湖镇被国家住房城乡建设部等七部委确定为全国重点镇。2020年，经莲都区全域土地综合整治后，碧湖镇下辖4个社区、43个行政村，行政区域面积219.25平方千米，常住人口为55738人，是丽水莲都区第一大镇。2020年，在"十四五规划"谋篇布局中，丽水碧湖成为丽水"一脉三城"空间结构中重要的板块，提出了"碧湖新城"的概念，在未来的五年中，一座"县域副中心型"美丽城镇在古堰文化的

衬托下悄然崛起 ①。

二、区域农业经济史

丽水的自然环境是影响其行政建制、经济发展的主要原因。"九山半水半分田"的地理特征在一定程度上隔绝了该地区与外界经济的沟通往来。从浙江西南发展史的轨迹来看，汉代以前丽水地区虽然有零星的发展，但总体人口较平原地区来说仍属稀少，政治控制粗略，在东瓯国以前甚至没有专门的官员来管辖这片区域，经济也相对封闭。3世纪到6世纪，由于江南王朝的存在，浙西南一带的军事地位提高，经济开发也随之深入山区腹地。由于处州建制、经济重心南移等原因，丽水地区人口在历史上共有过几次增长高峰期，人口规模的扩大必然促使农业经济发展以适应不断增长的粮食需求，这也使得受通济堰灌溉的碧湖平原，成为整个丽水地区政治、经济发展的强大后盾。

（1）清代以前的人口与水利工程的关系

丽水历史上有过几次大的人口变动，而在中国古代，人口是农业发展的主要动力。自瓯越归汉后，原东瓯国民近3万人口举国北上，一度造成了原东瓯国驻地的"空巢"，但到东汉永建四年（公元129年）后，被迫北徙的东瓯人就有一部分开始渐渐回迁。这部分回迁移民分为两脉，一脉由从衢港（今衢州）溯灵溪，至松溪（即松阴溪），逾仙霞岭下瓯江，途经遂昌、松阳而东而南；一脉由永嘉出发沿栝苍、梅岭古道方向北上。途中这两脉人流一路垦荒，促进了沿途山谷盆地的农业发展。这期间就包括丽水松

①《丽水市新型城镇发展"十四五规划"》，丽水市政府门户网站 丽水市"十四五"系列规划 （lishui.gov.cn）。

阳一带（彼时松阳包括今丽水大部分地区），当松阳农业发展具一定规模时，便从章安中分离出来，独立成县，这是丽水地区人口、经济增长的萌芽期。而汉末至孙吴时期因战争所需在碧湖平原进行的军事屯田，为通济堰这样的系统性水利灌溉工程提供了可能性。

唐初，丽水迎来了历史上第一个人口增长高峰期。开元年间共 33278 户，栝州约 25.56 万人，共 67 乡，占全国总人口的 2%，然而元和年间受战争影响，通济堰灌区工程也遭受破坏几近废弃，失去水利工程支撑的农业日渐衰败，战火硝烟的摧残下，人丁户剧降至 36 乡 19726 户 ①。

两宋时全国经济重心的转移促使丽水地区人口发展进入第二次高峰期。一来国家对水利工程的重视与恢复工作，成为当时区域经济发展的重要保障。政府在通济堰灌区的管理投入程度不断加大，并借用地方精英力量力图维持灌区水利秩序的可持续化。工程上有了新的技术革新，不断完善的工程与管理体系为碧湖平原的农业生产提供了更加优化的基础设施。这一时期的人口与村落不断发展，13 世纪时处州已有 89278 户，约 68.55 万人，比唐中期多出一倍有余。

明代及清初期处州人口增长较缓慢。主要由于明末清初满汉之战中"人民多遭残杀，田土尽成丘墟"，战后江南一片萧瑟，处州亦然。即便康乾盛世，来到丽水的道员李玕仍作诗感叹，曰："万山丛里一孤城，曾被洪淋又苦兵。未听鸡声传日午，惟看虎迹印沙明。道旁破屋多无主，原上荒田久废耕。每向长郊时极目，

---

① ［唐］李吉甫：《元和郡县志·江南道（二）》，中华书局，1983，第 623 页。

不禁清泪向风倾。"尽管如此，由于粮食新品种的引进，农作物单位产量增加，清中期人口较前也有一定增长：乾隆四十一年（公元 1776 年）查得共有人口 86.2 万，乾隆六十年（公元 1795 年）约 94.8 万，嘉庆二十五年（公元 1820 年）约 107.4 万。然而好景不长，嘉庆以后连续战乱，尤其咸丰至同治年间，太平军三克丽水，水利工程设施尽毁，城垣破败，人口凋敝。据史料记载，通济堰所在的碧湖平原在嘉庆初期人口近 25 万，到光绪二年（公元 1876 年）人口仅剩 10 万。尽管其间短暂的和平下政府不遗余力地投入到维修通济堰灌溉工程中，以恢复灌区内农业生产、维持社会稳定，但实际这些修缮与重建管理秩序的努力成果会因受到再次战乱波及而付诸东流。应当认识到这样一个事实：像通济堰这类大规模的公共工程，在区域内高度自给自足的农业经济结构支撑下，地方政权的稳定与政策导向对水利工程发展起着决定性作用。

（2）近当代人口与农业经济发展状况

清代晚期至民国年间丽水人口经历了一次比较大的变化，13 年内骤降 15 万，此后人口数一直徘徊在 10 万左右。彼时全国军阀混战，政局变幻，社会动荡，民众生计艰难。虽然 1923 年《浙江和平公约》的签订使浙江幸得短暂的和平，丽水地区人口数量得以回升，最高时达 22 万。然而安稳的局势并没有持续太久，7 年后人口又骤降到 12 万。抗战开始后，因浙江省会的南迁，省内各界精英人士来到丽水，外来人口充盈了丽水总人口数，一时间从 1938 年的 128208 人上涨到 1944 年的 148585 人（图 1-5）。为解决当时人口增长所需的粮食问题，碧湖平原的农业生产再一次受到政府的关注，通济堰也因此得到民国时期最大规模的一次维修。

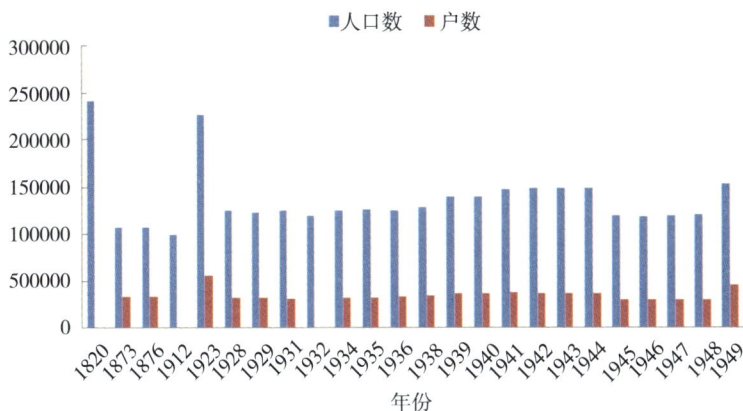

图 1-5　1820—1949 年丽水县人口户数变动情况

1949 年后为恢复战后经济，政府成为修复水利工程、促进农业生产的主导力量。随着粮食生产的发展，丽水地区人口又回升到了 15 万多。20 世纪 50 年代后社会发展较为稳定，区域人口数量也逐步上升，到 21 世纪时已超过 30 万。据 2014 年统计，丽水市莲都区总人口为 39.6 万，其中农业人口有 26.89 万（表 1-3），通济堰所在的碧湖平原人口占到 6.03 万。全区国内生产总值 261.32 亿元，其中，第一产业增加值 17.04 亿元，第二产业增加值 105.78 亿元，第三产业增加值 138.50 亿元。随着丽水市莲都区被确立为国家重点农业综合开发县，碧湖平原成为区域内主要粮食产区和农业综合开发项目区，总土地面积 7.8 万亩，耕地灌溉面积 6.2 万亩，有效灌溉面积 5.8 万亩，约占莲都区有效灌溉面积的 1/4（表 1-4）。农产品以水稻、经济作物为主，95% 以上面积一年三熟，复种指数 2.35，平均亩产 550 公斤。其中有 1.05 万亩的粮食功能区，需保证粮食功能区良种覆盖率达 100%[①]。在这样的背景下，通济

---

① 2013 碧湖镇政府工作报告,莲都区政府信息公开网·政府信息公开·碧湖镇公开年报。

堰灌区需要由传统农业向现代化农业转型，这对通济堰的供水量与供水保障率提出了更高要求。而2019年开始谋划的碧湖新城与莲都区"大搬快聚富民安居"工程，将在之后五年内陆续向碧湖平原移民5万人以上，用以支撑碧湖新城的发展。同时，需要碧湖平原重组土地空间与河湖空间，综合整治山水林田湖，在传统灌区灌溉效益的基础上，激活水利工程的生态效益、文化效益和其他经济效益，以满足绿韵为裳、山水塑形的碧湖新城，诗画江南、生态康养的未来之城建设要求。

表1-3　　　　　　　　　　丽水市莲都区经济状况

指标名称	单位	数量	备注
总人口	万人	39.6	2014
农业人口	万人	26.89	2014
耕地面积	万亩	24.28	复种指数1.77，播种面积41.90万亩
有效灌溉面积	万亩	19.53	三年年均实灌面积18.81万亩
中低产田面积	万亩	2	2014
已改造中低产田面积（农业开发）	万亩	0.6	2014—2015
已改造中低产田投资（农业开发）	万元	4055	2014—2015
粮食总产量	万公斤	5038.91	2013年平均亩产344.08公斤，主要作物：稻谷、玉米、大豆、豌豆、番薯、马铃薯
油料总产量	万公斤	187.9	2013年平均亩产121.17公斤
其他农作物总产量	万公斤	38004	2013年平均亩产2151公斤、主要作物：蔬菜、西瓜、食用菌
地区生产总值	亿元	261.32	2014
农业生产总值	亿元	17.04	2014
政府用于农业水利支出	万元	28100	2014

指标名称	单位	数量	备注
农民人均纯收入	元	12283	2014

表1-4   灌区所在碧湖平原基本状况

指标名称	单位	数量	备注
灌区涉及乡（镇）	个	1	
灌区涉及行政村	个	43	
灌区涉及人口	万人	6.03	
灌区设计灌溉面积	万亩	6.2	
灌区有效灌溉面积	万亩	5.8	
灌区已改造中低产田面积（农业开发）	万亩	0.6	2014—2015
灌区已改造中低产田投资（农业开发）	万元	4055	2014—2015
灌区粮食总产量	万公斤	1055.18	2012年平均亩产337公斤
灌区油料总产量	万公斤	311.3	2013年平均亩产123公斤
灌区其他农作物总产量	万公斤	252.2	2012年食用菌2522吨，亩产137千克
灌区多年平均降雨量	毫米	1584.6	
灌区多年平均可用水资源量	亿立方米	0.75	水源为松阴溪，地表水资源量7489万立方米，地下水资源量1820万立方米，重复计算量为1820万立方米
灌区水源工程蓄水能力	万立方米	1291	已除险加固（水库）
灌区水源工程供水能力（年均水量）	万立方米	4868	水质符合灌溉水质标准
灌区水源工程供水能力（流量）	立方米每秒	5.08	水源工程不改造
灌区干支渠（沟）道长度	公里	180.45	
灌区干支渠已衬砌长度	公里	93.09	

指标名称	单位	数量	备注
灌区干支渠（沟）道完好率	%	51	
灌区干支渠（沟）系建筑物	座（处）	645	
灌区干支渠（沟）系建筑物完好率	%	88	
灌区干支渠渠系水利用系数		0.56	
灌区设计综合毛灌溉定额	立方米每亩	305	
灌区现状综合毛灌溉定额	立方米每亩	378	
灌区设计灌溉保证率	%	90	
灌区实际灌溉保证率	%	75	
灌区管护人员	人	5	技术人员3人
灌区农民用水户协会	个	0	已取消
灌区灌溉水价	元每立方米	0	已取消
灌区年均收取水费	万元	30	财政转移支付

丽水通济堰

曲坝长波润碧湖

第二章　通济堰创建与发展

　　纵观中国水利史上的诸多工程，它们的产生发展、兴衰起伏都与区域社会发展的历史背景与人文地理特征息息相关。中国科学院外籍院士、科学史学家李约瑟曾说："将超自然与实用、理性和浪漫因素结合起来，在这方面任何民族都不曾超过中国人。"通济堰这座浙西南山谷平原水利工程的典型代表，尽管灌溉效益无法与中国其他地区大型灌区相媲美，但依然不影响它将传统工艺、规划理念、管理制度和中国传统哲学美学相结合的魅力，以及它领先于同时代的技术水平和区域影响力。千余年间的数次沉浮并没有让它消逝在时光的洪流中，甚至因为通济堰的存在，碧湖才能在一次次战火摧残下重生，在时代潮流的拍打下昂然奋进。

　　在申遗调研中我们还惊奇地发现，当代通济堰渠系布局除去湖塘减少与一些支毛渠发生了变动外，与 12—13 世纪的形态大体是相同的，而碧湖从 12 世纪开始进入史书后也并没有停止发展，说明从某种角度来说，在碧湖这个地方，水利工程与社会是一个共同体，工程营造布局的碧湖显露了传统人居环境营建的智慧，造就了它所在的乡土聚落形态与农业景观，将原来松散的聚落关系凝聚为一个社会集团。正如魏特夫所说"（灌溉）在中国每个地方都是集约农业的必要条件；就在此基础上，建立了中国农业

社会……"^①但我们把工程沿革史与时代背景结合起来，有助于我们探知通济堰与其所在的区域社会是怎样互相影响的，获得对这座工程的遗产价值更深层次的理解，从而在当今发展需求下为之规划更合理的未来。

第一节　通济堰的创建（6世纪前后）

有关通济堰的创建与早期演变的争论，因关系到丽水早期水利开发史、人口史、社会史等诸多问题，学术界各持己见。目前普遍认可的说法是公元6世纪詹、南二司马始创说，这一结论出自北宋人关景晖的《丽水县通济堰詹、南二司马庙记》，宋以后的官方文献皆引此说。而关景晖自述是询故老所闻，并无史料佐证。公元6世纪到12世纪初，这座工程与二位司马皆名不见经传，而12世纪后的浩然史海中也再无旁证提及此二人，故关景晖之说只能算一则孤证。大抵通济堰何时而有，何人而建，我们对这些问题的研究也只能从关景晖的这篇碑刻来入手。

关景晖，山阴（今浙江绍兴）人，曾巩妹婿，宋哲宗元祐六年（公元1091年）任处州知州。他在处州任上做过两件与地方水利有关的大事：一是大规模组织疏浚瓯江中上游航道，使龙泉市至大港头、保定的瓯江航道畅通无阻，商船可以昼夜航行；二是兴修丽西水利。元祐七年（公元1092年）时，处州大雨导致松阴溪水暴涨，冲毁通济堰渠首拦河坝和部分灌渠。于是关景晖命丽水县县尉姚希主持修缮水毁工程，还分析洪水冲毁干渠的根本原因在于没有

---

① 冀朝鼎：《中国历史上的基本经济区》，浙江人民出版社，2016，第11页。

泄洪设施，因而策划增修了干渠上的排沙闸"叶穴"。工程修缮后，关景晖发现渠首堰头村有墙宇颓圮的堰庙，内有"像貌不严"的司马像，便"常询诸故老"，"（故老）谓梁有司马詹氏，始谋为堰，而请于朝，又遣司马南氏共治其事"，于是他推测这座水利工程为南梁詹、南二司马所建，并作《丽水县通济堰詹、南二司马庙记》刊刻于碑，重立堰庙，意在记前人之功，醒后世之人。由是，通济堰"始建于梁"，为"司马詹、南所建"之说被代代相传。

然而，关景晖的说法源自于乡间故老，查遍正史也未见天监四年（公元505年）有梁朝司马修通济堰的记载，关景晖却为记载通济堰的第一人。因此有学者对此提出过质疑，并认为萧梁时丽水所处永嘉郡不设"司马"之职，汉时司马位列三公，统领军务，到唐时已是虚职，故推测宋人所指之"梁"是指五代十国时期尊中原王朝为正统的后梁，而非南梁，以此解释建堰者詹司马、南司马为何名不见经传。但因没有实证，这仅代表一家之言。且根据《隋书·百官志》的记载，萧梁时永嘉郡一带并非不设"司马"，相反，"司马"者甚多，且品位不一。单单"司马"一称，其品衔不下3种，等级相差悬殊。除司马外，南梁还有多达240余种将军头衔，品级低的将军不过是持有少量兵权的地方官吏。所以"詹、南二司马"未入梁史，并不等于（萧）梁时无此二人。既无正史作据，对通济堰始建期的考证还需另辟蹊径。

冀朝鼎曾指出，发展水利或修建水利工程，在古代中国实质上是国家的一项职能。修建灌溉水渠、陂塘、排水与防洪工程以及人工水道，大部分都是公共工程，因此它与政治密不可分，成为历朝历代社会和政治斗争的重要政治杠杆和有力武器。这些公共工程的兴建和目的，主要不是出于人道主义的考虑，而是取决于自然条件和历史条件以及统治阶级的目的。这一说法也被诸多实例所证明。因此，我们又转向人文地理的角度，对通济堰的修建展开新的探索。

自然条件是水利工程修建的基础条件，政治需求则为驱动力。因而研究通济堰的创建，必须回到碧湖平原的自然条件与开发进程上来。

一、南朝以前的碧湖平原与水利发展

前文已提到过，碧湖平原位于浙西南丘陵地带，上古缙云之墟、瓯越之地，原住民为瓯越人。越亡后，原会稽山阴一带的越族贵族在南逃过程中与瓯闽一带人融合，形成了闽越族，成为浙南最早一批移民。秦始皇三十三年（公元前214年）平南越，设闽中郡，统领温、处、台地区，但实际上因为此处蛮荒，秦王并没有派驻专门的官员来治理。秦统一中国后，更是将一部分闽越贵族强行迁出，分流于安徽、江西一带，越地更是荒凉。直到汉惠帝（公元前192年），瓯越族首领驺摇因助汉反秦有功，被封为"东海王"，置"东瓯国"。但是朝廷又担心东海王势力壮大起来，对中原王朝构成威胁，故于公元前138年趁闽越、瓯越交战之机，撤销了东瓯国的封号，并"诏军吏皆将其民徙处江淮间"。两次大规模的人口迁徙，使原本人烟稀至的浙南山区愈发人迹寥寥。

汉昭帝始元三年（公元前84年）于会稽郡北，析置回浦县，领温、处、台三府及福建东北沿海部分地区，治章安（今台州椒江章安镇），用以安置迁移和复出的越民，并设南部都尉统摄之，正式实行对瓯越地区的统治。此后瓯越地区政局逐步稳定，到了东汉永建四年（公元129年）时，如前所述，先前因战乱被迫迁徙的瓯越人及其后代因思乡开始回迁。丽水松阳、碧湖两大平原地区自然成为移民回迁途中重要的落脚点。而其中的一些移民，也就选择在中途安家落户。汉末献帝将章安县南乡析置松阳县，足以见得当时松阳一带人口的增长，而彼时碧湖平原亦在松阳辖下。

汉末中原战乱，三国鼎立，给江南发展带来了契机。首先，大量北民南迁，带来了中原先进的生产技术。在此之前，北方江淮地区已经有了修建大型水利灌溉工程的经验，如郑国渠、芍陂、白水塘等。而孙吴政权为了站稳江东，曾在公元226年颁布屯粮诏令，并在统治江南的五十余年里兴修了大量水利工程以发展农田水利，满足屯田需求，最终完成江苏至岭南的开发，而浙南正好位于岭南与江苏连线的中间点，从而得到了进一步开发。吴太平二年（公元257年），章安县从会稽郡分离出来，新成立临海郡，松阳县也被划分到临海郡，可以看出彼时的浙南（温丽台地区）已脱离对会稽的依附。东晋明帝太宁元年（公元323年），又从临海郡分出永嘉郡，即原永宁县境，松阳归属永嘉郡地。在逐步南征的过程中，移民成为孙吴政权兴办军民屯田主要劳动力。

由于浙南多山，农业开垦不能像淮河流域一带那样大片集中在平原地带。沿海滩涂虽易于耕种，却面临着海潮咸卤的威胁，而山地丘陵则少有平地。因此，利用水利工程帮助克服地区缺陷，尽可能拓展农业生产范围，提高垦种指数，是吴国乃至之后南方政权所面临的共同问题。于是这一期间南方的山地丘陵陆续出现了一批拦山溪为塘或引水筑渠的水利灌溉工程。西晋末年，中原贵族"衣冠南渡"，再次给南方发展带来了大量的生产技术和生产力。而易守难攻的松阳，"东北以桃花隘、稽勾岭为门户，西南以堰头、石塘为咽喉，扼破桥峡，则宣武之山寇不敢窥；断金水，

则瓯海之奸萌莫能渡，惟先事备御坐得折冲"，因此地缘优势，也是南方政权屯兵备粮的优选之地①。出于军事防守和稳定社会秩序的需要，彼时的松阳获得了较之前更多的关注。在统治者的推动下，松阳，包括碧湖平原一带完成了早期农业开发。

然而，平原内除有少数几条发源于西部诸山的山溪外别无其他可供农业灌溉的稳定水源，起初先民利用平原低洼地带筑塘蓄水，形成若干各自独立的小型湖塘私堰。但随着人口继续增长，耕地面积扩大，这些单靠山溪性河流或雨水补给的湖塘已无法满足灌溉需求，因而需要一个有稳定水源工程、在旱涝季节能够实现水量统一分配的区域性灌溉工程。所以可以认定碧湖平原获得农业开发4—6世纪时期已出现众多小型农田水利灌溉工程，通济堰正是在这些民间小型私堰的基础上形成的。

由此看来，通济堰并非是某一年代一蹴而就的灌溉工程。在众多小型民间私堰向有稳定水源、调度统一的大型灌溉工程转变的过程中，不乏对工程具有重要建树的人物，而宋人提到的"梁有司马詹氏，始谋为堰，而请于朝，又遣司马南氏共治其事"也应当是其中之一。纵观中国古代社会，但凡大型、有统一调度的治水工程都离不开政府的支持或干预，"请于朝"这三个字，透露了修建通济堰是在政府授权下的行为，而彼时享有官权或特殊地位的豪门望族往往成为建设与管理这类公共工程的政府代理人。

二、有关通济堰始创期与始创者的分析

中国古代社会但凡区域性治水工程都离不开政府的支持或干

---

① ［清］潘绍诒：《光绪处州府志》，收入《中国地方志集成·浙江府县志辑》第63册，上海书店，1993，第73页。

预，参考同期浙江地区其他灌溉工程，如它山堰、鉴湖、好溪堰等，也无一例外地在成型期都由政府主持建设并且有当地具有影响力的宗族或望族参与管理。北宋人所指"梁有司马詹氏，始谋为堰，而请于朝，又遣司马南氏共治其事"，应是在通济堰由众多小型民间私堰向有稳定水源、调度统一的大型灌溉工程转变的过程中，对工程的修建具有影响力的人物。

要稽考"詹、南二司马"往事很难，但若考察二位司马莅临松阳古县的缘由，或许可从中窥之一二。西晋"八王之乱"（或称"永嘉之乱"），酿成中国大分裂的南北朝格局。相对"五胡乱华"时期的北朝，南朝较为安定。东晋政权偏安江南一百年后，大将军刘裕取代东晋，立国为宋。刘宋朝拥有二十三州，三百九十五郡，一千四百七十四县。松阳县隶属扬州之永嘉郡（永嘉郡辖永宁、安固、横阳、松阳、乐成五县）。五十年后，骠骑大将军萧道成总领国政，进相国、齐公，旋即禅代宋顺帝，建国称齐。萧齐短命，仅仅二十三年。公元 502 年，梁王萧衍以"废昏立明"的名义攻入京城建康，掌握大权。旋即，萧衍迫使傀儡皇帝齐和帝萧宝融禅位，自称皇帝，改国号为梁，史称萧梁。梁朝的武帝萧衍是位野心勃勃而又颇有能力的皇帝。天监四年（公元 505 年），梁武帝下诏北伐，"以中军将军、扬州刺史临川王（萧）宏都督北讨诸军事，尚书右仆射柳惔为副。是岁，以兴师费用，王公以下各上国租及田谷，以助军资"。为了筹集北伐的粮赋，梁武帝派官员在统辖范围内征收田谷，其中自然也包括松阳。倘若说派到松阳监督征粮的是詹、南二位司马，也不无可能。且正如前文所说，梁代军职品位众多，将军封号多达数百种，根据《宋书》卷三十九《志》第二十九"百官上"记述：

"江左以来，诸公置长史、仓曹掾、户曹属、东西阁祭酒各一人，主簿、舍人二人，御属二人，令史无定员。领兵者置司马一人，从事中郎二人，参军无定员；加崇者置左右长史、司马、从事中郎四人。

……其领兵外讨，则营有五部，部有校尉一人，军司马一人（如右军司马、后军司马、抚军司马）；

部下有曲，曲有军候一人；曲下有屯，屯有屯长一人。若不置校尉，则部但有军司马一人（如骠骑司马）……其副营者则为别部司马……亦有部曲司马。" ①

如上所述，当时因"诸王擅兵"，"参军、司马皆得增置"，因而彼时的司马不再具有汉代位列三公的地位。詹、南二司马者亦有可能是扬州刺史临川王萧宏麾下的将领，或骠骑司马、或部曲司马，被派往松阳为北伐部队筹集军赋、粮草；也有可能因军功，甚至是因为修堰有功，而被授予"司马"官衔，这已不得而知，但足以解释为何这两位司马修堰的事迹不见于正史。在军衔泛滥的时代，他们不过是一粒流沙，入不了史书的篇章，却被民间传颂千年。

根据关景晖的记载，在宋以前通济堰渠首已有了司马庙。而在后世的记载中，这两位司马不仅修筑了通济堰，还在碧湖平原地势较高的西部与北部修建了金沟渠、白溪渠，以及沙堰、朱堰、张堰、陈家堰、陈婆堰和上陂、黄陂等诸多配套水利工程，用以补充通济堰自流灌溉所不达处。如清人张诜总纂的《丽水县志》

---

① ［南朝梁］沈约：《宋书·卷三十九》，收入《文渊阁四库全书·史部》（影印版），上海古籍出版社，1987，第238页。

卷三"水利"记载：

"金沟渠，在县西四十里。通济堰纳松阳溪水，别有山水自十八盘达岑溪，因于'通济'之北筑堰酾渠，亦始于詹、南二司马，即《栝苍汇纪》所谓观坑堰也。

……白溪渠，在县西四十里。源出高畲山，至白河庄凿渠受之，即《栝苍汇纪》所谓司马堰也。其下有沙堰、朱堰、上陂、黄陂、张堰、陈家堰、陈婆堰诸目。通济堰东北诸田，咸资于此。"①

究竟这些配套工程是否真为这两位司马所筑不得而知，但因乡民百姓受益于堰利，将诸多功劳都归于二位司马，甚至立庙以颂。再翻阅《丽水县志》，卷六"冢墓"载记：

"梁詹司马墓，在县西三十里，即始开通济渠者。"②

这里提到的"梁詹司马"墓地在县西三十里，应是碧湖平原内，尽管直到今天并没有相应的考古成果佐证，但是我们在查阅詹氏宗谱的时候，在松阳詹氏一族依稀寻到这位传说中的詹司马的一丝踪迹。

松阳《桥亭詹氏宗谱》《岭上詹氏宗谱》记录了松阳詹氏之先祖詹宜良，于北宋哲宗年间自缙云詹山下，迁居丽水县懿德乡东岩之阳詹村八角井（今属丽水老竹镇黄弄村），奉詹氏五十世祖——栝苍五云始祖詹赞为始祖之事。先祖詹宜良传承十一世，

① 赵治中点校，丽水市莲都区史志办整理：《丽水县志》（民国版），方志出版社，2017，第96页。

② 赵治中点校，丽水市莲都区史志办整理：《丽水县志》（民国版），方志出版社，2017，第192页。

传到詹千四、詹千五兄弟。詹千四、詹千五兄弟为松阳始迁祖，再传承二十八世，直至如今，詹姓系松阳一大姓。元末明初，詹山村人詹更的一支詹子阳（字永一）、詹子高（字永二）、詹子华（字永三）兄弟三人，自缙云分别迁青田平演、永嘉山畲（詹岙）、东瓯（温州）晏城。遂昌《平昌郭坞詹氏宗谱》是传承南朝萧梁时代詹氏先祖的正宗家谱。内中记载曰：

"四十一世宣公，生子：宏。

四十二世宏公，为南北朝宋孝文帝时侍郎，生十一子：瓘、参、臻、和、俭、敬、瑞、尚、兰、彪、爱。分迁江南各地蕃衍。"

根据这一信息，宗族学家邱旭平先生趁婺源县浙源乡"詹氏大宗祠"负责统筹《中华詹氏大统谱》的机会，专程赴江西查阅相关信息，终于在一本孤本残卷中发现了有关"处州一支"的詹氏宗谱，记云：

"处州一支，康邦公六世孙骠骑、长史、南郡太守至彪公后。"

而据《庐源詹氏宗谱》之"詹氏原始世系"记载：

"康邦公，为东晋太守，以功封怀远将军。因避乱渡江而南。妣韩氏，子良义。迁睦、歙、衢、泉等处。"

据根据《中华詹氏宗谱》记载，晋朝大兴元年（公元318年）九月十九日，第四十二世祖静川和他的三个儿子：康邦、敬邦、成邦随驾渡江南下，各立桑梓。这里提到了西晋末年包括康邦在内的詹氏祖先受八王之乱影响南下之事。

又据《庐源詹氏宗谱》记载：

"康邦公，生子良义。良义公生子兑公；兑公生子宣公；宣公生子宏公。詹宏公生子十一人，彪为第十子，南渡始祖康邦公之第六代裔孙。"①

詹彪，字至彪，"梁时为大夫。迁处州，又迁交州"，这与残卷中所提到的"处州一支，康邦公六世孙骠骑、长史、南郡太守至彪公后"互为验证。因而可以肯定，当时有一支迁徙到处州的詹氏族人，始祖为詹彪，系当时的骠骑司马。分析至此，我们似乎从詹氏家谱中，已然寻到了这位赴松阳巡视并修建通济堰的詹司马的蛛丝马迹。但另一位司马南氏，寻遍能及古籍未得一二，尚待后人来解。

骠骑司马詹彪的生平是当时南朝官职随政权更替频繁的历史印证。而在詹司马建堰之后的 500 年内，北方依然是全国的政治中心。在经历南朝短暂的辉煌后，浙南山区这片弹丸之地也随之湮没于历史的洪流中。百姓所称的"官堰"到了宋初也不过是靠民间自发管理为主。

然而无论如何，从詹氏族谱的记载、梁代官职系统的设置以及当时的政治需求、地方生产条件都能看出，在公元 6 世纪时，有位姓詹的司马将军因公需要在碧湖平原主持修建通济堰是有可能，也可行的。当时的碧湖平原，已经有了一定规模和成体系的灌溉设施，而主持修堰的司马詹氏通过筑堰引水、串联沟塘等种种措施，使得原有小型、零星的民间私堰及蓄水工程凝聚为系统

---

① 邱旭平，郑闰，《通济堰功臣詹司马姓詹名彪》.莲都区文保所内部资料，中国族谱网，詹氏宗谱相关资料，https://www.zupu.cn。

的官方配水工程，使通济堰灌区成为一座国家公共工程。

第二节　两宋时期：工程体系形成（6世纪至13世纪）

　　两宋是通济堰工程发展的重要阶段。当时的长江以南已经是全国的经济重心。北宋熙宁变法时（公元1069年）王安石颁布的《农田水利法》及《开荒令》从国家政策上调动了不同阶级的人物投入兴修水利、开垦农田的积极性[①]。此前从未有一个王朝的官员如宋代这样关注灌溉事业，为发展农业生产，将原有古陂废堰悉务修复。宋室南渡后，把都城定在杭州，人口空前增加，刺激了农业生产效率的提高，同时也对垦种范围和垦种指数提出了更高要求。通济堰也是在宋代完成了工程系统与管理制度的完善，为后世800多年的灌溉效益奠定了坚实基础。

一、关键性工程完善：工程体系的形成

　　南朝灭亡后，松阳这片土地对于北方政权来说再也没有那么重要，昔日将军的身影不见，作为"官堰"的通济堰也再度成为众多民间私堰中的一员。然而碧湖平原在其发展史上，历来不是乡村氏族圈地做主的地方，各聚落间的关系是松散的，没有哪门大族有实力可以管理整个灌区。在失去政府统筹的情况下，通济堰工程常年失修。11世纪初，有括苍（今丽水莲都区）县令叶温叟对工程"疏辟楗蓄，稍完以固"已是难能可贵[②]。直到元祐七年

[①] 漆侠：《宋代经济史》，中华书局，2009，第77页。
[②] ［清］王庭芝编：《重修通济堰志》，侯荣川整理，收入《中国水利史典·太湖及东南卷》，中国水利水电出版社，2015，第233页。

（公元1092年）通济堰大坏，处州知府关景晖主持了工程的修复，并重建了詹、南二司马庙，其事载于堰志，通济堰才重新回到"官督民办"的管理模式。碑记曰：

"丽水十乡皆并山为田，常患水之不足。去县而西至五十里，有堰曰通济，障松阳、遂昌二溪之水，引入圳渠，分为四十八派，析流畎浍，注溉民田二千顷，又以余水潴而为湖，以备溪水之不至。自是，岁虽凶而田常丰。元祐壬申圳坏，命尉姚希治之。明年，帅郡官往视其成功。堰旁有庙，曰詹、南二司马，不知其谁何。墙宇颓圮，像貌不严，报功之意失矣。尉曰：'尝询诸故老，谓梁有司马詹氏，始谋为堰，而请于朝，又遣司马南氏共治其事。是岁，溪水暴悍，功久不就。一日，有老人指之曰，过溪遇异物，即营其地。果见白蛇自山南绝西北，营之乃就。明道中，有唐碑刻尚存，后以大水漂亡，数十年矣，乡之老者谢去，壮者复老，非特传之愈讹，而恐二司马之功遂将泯没于世矣。庙今一新，愿有纪焉。予以二公之作，而兴废之迹罕有道者，按近世叶温叟为邑令，独能悉力经画，疏辟楗蓄，稍完以固。叶去，无有继者。姚君又能起于大坏之后，夙夜殚心，浚湮决塞，经界始定。呜呼，天下之事莫不有因，久则弊，弊则变，变而复，理之然也。因之者，二司马也。弊而能变，变而能复，叶、姚之能事，岂下于詹、南哉！后之来者，令如叶、姚二君，圳之事安能已哉。[1]"

根据关景晖的描述可以确定在11世纪末通济堰灌区已然形成

①［清］王庭芝编：《重修通济堰志》，侯荣川整理，收入《中国水利史典·太湖及东南卷》，中国水利水电出版社，2015，第233页。

以"拦河坝—四十八派支渠—节制闸—湖塘调蓄"为结构的基本工程体系，灌区范围达两千顷（相当于今3万亩）。堰首的司马庙既是对筑堰功臣的祭祀场所，也是政府参与灌区工程管理的象征。然而由于工程体系尚不完善，通济堰的灌溉效益难以维持稳定，根据南宋《丽水县通济堰石函记》的描述，当时通济堰主干渠与山溪水泉坑交汇处渠道屡遭山洪冲堵，几乎每年都要动用数以万计的民夫进行岁修：

> "在梁有詹、南二司马者始为堰，民利之。然泉坑之水横贯其中，湍沙怒石，其积如阜，渠噎不通。岁率一再开导，执畚锸者动万数。堰之利，人或不知，而反以工役为惮也。我宋政和初，维扬王公禔实宰是邑，念民利堰而病坑，欲去其害，助教叶秉心因献石函之议，吻公契心。募田多者输钱其营，度石坚而难渝者，莫如桃源之山，去堰殆五十里，公作两车以运，每随之以往，非徒得辇者蟹力，又将亲计形便，使一成而不动，公虽劳，规为亦远矣。函告成，又修斗门以走暴涨，陂潴派析，使无壅塞。泉坑之水虽或湍激，堰吐于下，工役疏决之劳自是不繁，堰之利方全而且久。"[①]

从上文可以了解到，在政和初年（公元1111年）通济堰灌区尽管已经有政府监督管理，每年组织岁修，但灌区用水户疲于工役，已不知堰利。为解决这一问题，知县王禔采用邑人叶秉心之策主持了石函修建工程，这对灌区工程体系的完善起到了关键性作用。

泉坑是一条自碧湖平原西部山麓向东入大溪的山溪性河流。

---

① [清]王庭芝编：《重修通济堰志》，侯荣川整理，收入《中国水利史典·太湖及东南卷》，中国水利水电出版社，2015，第234页。

受季节性降雨影响，碧湖平原夏季多暴雨，易引发山洪，致使携带大量砂石而下的泉坑水在与通济堰主干渠（引水口下游 300 米）交汇时堵塞堰渠。主干渠引水受阻后，其下游干、支渠常出现断流，周边农田无水灌溉，而上游保定村田则遭水湮漫。修建石函，可使主干渠引水与泉坑水水道相分离，下行堰水，上走山溪，堰水不受山溪冲击堵塞，从而保障了主干渠引水畅通。此外，王褆又在离石函一公里处修建泄水斗门，多雨季节水量过大时可通过斗门"以走暴涨"，加强对干渠引水量的控制。自石函创建后，通济堰主干渠引水不再受季节性阻断，工程五十年无工役之忧，其灌溉时长得到了保障。宋人评价自有石函后"堰之利方全而且久"①。

"靖康之乱"后北宋沦亡，伴随着南宋衣冠南渡，江南地区人口、资本高度集中。为巩固江南政权，南宋政府大力投入在江南东路、太湖、浙西一带的农田水利建设。这一时期"水田之利，富于中原，故水利大兴"，政府主持修复了许多江南旧有的水利工程，当时处州的通济堰也包括在内②。经历了两宋的修缮与改进，完成了几大关键性工程的建设后的通济堰灌区工程体系基本定型，并且形成了一套全面的岁修养护制度。

在以往研究著作中，通行定论都将开禧元年（公元 1205 年）参知政事何澹将木筱结构的拦河坝改为砌石坝作为工程发展完备的标志。事实上，拦河坝材料结构的改进确实大大提高了工程效益，但在此之前，因为石函三洞桥将干扰通济堰正常引水的不稳定因

① ［清］王庭芝编：《重修通济堰志》，侯荣川整理，收入《中国水利史典·太湖及东南卷》，中国水利水电出版社，2015，第 236 页。

② ［元］脱脱等：《宋史·食货志》（卷 173），中华书局，1977，第 4182 页。

素从总干渠上分离，才有了每年稳定的灌溉效益。而在引水效益稳定后，干渠以下的引水、分水、输水、排水工程才有了完善的必要性。因此，我们在申遗时，将石函认定为通济堰灌溉工程体系走向完善的标志。

在改造前，木筱结构的拦河坝成为工程中最大的隐患。每年灌区都需在松阴溪洪峰前投入大量人力物力对前一年水毁工程进行修复，然而一当洪水期到来之时拦河坝又不堪洪水压力而垮坝或遭到一定程度损坏，以致夏季引水量不足农作物缺水灌溉，工程效益难以发挥，因此渠首拦河坝的改进成了工程进一步发展的必然要求。南宋开禧元年（公元1205年）参知政事何澹调洪州兵士甃石为堤，改拦河坝为砌石结构，并在原船缺处设斗门，加强对过堰船只的管理，以减少擅自倒拆堰堤、破坏堰堤整体稳定性的行为。开禧之后，渠首拦河坝抵御洪水冲击能力提升，工程"迄百数十祀，未尝大坏"[1]。通过上述分析可以看出，北宋时，灌区已经形成了一套完备的工程体系，南宋时，关键部分在材料、结构、技术上的升级进一步促进了工程效益的稳定与提高，为灌区可持续发展奠定了硬件基础。

二、灌区管理体系的完善

两宋不仅是通济堰工程技术发展的高峰期，也是管理制度的形成期。自北宋元祐（11世纪末）后，地方政府通过执行堰规和大修，更多地参与到通济堰的管理中。

影响最大的当属两件事。首先是南宋绍兴八年（公元1138年）

---

[1]［清］王庭芝编：《重修通济堰志》，侯荣川整理，收入《中国水利史典·太湖及东南卷》，中国水利水电出版社，2015，第236-237页。

丽水县丞赵学老耗费数月，在实地勘测的基础上绘制了灌区首张渠系全貌图——《丽西通济堰图》，并与北宋姚希制定的堰规一同刊刻于碑，立于司马庙中。赵学老的这张灌区渠系图，虽不像现代地图般有严格的比例尺，但对干支渠宽度处理、概闸相对位置及渠系走向都有明确的区分，它为后世灌区发展的规划和分水制度的制定与管理提供了参考。今保存于堰头村龙王庙（司马庙）的是明代洪武年和清代光绪年复刻的两通渠系图碑[1]。姚希制定的堰规，是随官方户籍赋税系统将灌区用水户划分为九甲，岁修时每甲按上、中、下等田户出工。这种与户籍制度挂钩的堰工制度可以根据灌区农户等级合理组织岁修人力物力，实施灌区管理。但是，随着碧湖平原人口数量的增长与贫富差距的拉大，新土地的开垦与旧土地的买卖量都有所增长，到了乾道年间碧湖平原原本九甲之外已又添了一甲，这些田多属原九甲的上田户典卖之田。当私田买卖越来越多，原本依赖户籍制度来摊派岁修出工的堰规就难以贯彻，久而久之管理愈发混乱，最终导致工程失修。因此才有了乾道五年（公元 1169 年）处州知府范成大巡视灌区时，感叹工程"往迹芜废，中下源尤甚"之事[2]。于是范知府在多番考察后，根据当时的情况又整修大堰，并重新修订了堰规。《宋史·范成大传》有记：

> "处多山田，梁天监中，詹、南二司马作通济堰在松阳、
> 遂昌之间，激溪水四十里，溉田二十万亩。堰岁久坏，成大访

---

[1] ［清］王庭芝编：《重修通济堰志》，侯荣川整理，收入《中国水利史典·太湖及东南卷》，中国水利水电出版社，2015，第 233 页。

[2] ［清］王庭芝编：《重修通济堰志》，侯荣川整理，收入《中国水利史典·太湖及东南卷》，中国水利水电出版社，2015，第 235 页。

故迹，叠石筑防，置堤闸四十九所，立水则，上中下溉灌有序，民食其利。①"

范成大对通济堰主持大修，并重修堰规，对通济堰灌区发展有着重大意义，其中新修堰规对后世影响深远。新堰规打破了依赖户籍制度分工的传统模式，创造性地根据干支渠分布位置及轮水时间将整片灌区划分为上、中、下三源，三源用水户按赋役等级划分田户等级，作为选拔管理人员、摊派出工与经费的参考标准，在此基础上形成了以"堰首（下源上田户）—上田户—甲头（监当）"为结构的管理组织，三个管理层次彼此衔接、各司其职又相互监督。堰规全篇共分堰首、田户、甲头、堰匠、堰工、堰夫、堰司等20条，明确规定了管理组织内各类人员的职责、选拔方式，田户等级划分方式和对应出工数，以及工程报修、用水分配、工费摊派与开支、堰产处置方式等。范氏堰规是迄今为止我国古代少有的制度严谨、表述规范的灌区管理条例。堰规打破了行政村落与宗族的局限，把灌区不同片区、干支渠上下游原本相对独立的用水户凝聚成为一个利益共同体，各源用水户为了获得长久利益一致，遵循平衡原则，共同维护管理制度。而政府是这个共同体的规则制定者与

① ［元］脱脱：《宋史·范成大传》（卷386），中华书局，1977，第11868页。范成大（1126—1193），字致能，号石湖居士，平江府吴县（今江苏苏州）人，南宋名臣。绍兴二十四年（1154），范成大擢进士第；乾道三年（1167）任处州知府，在处州任职期间范成大主持修复了通济堰工程，并制定堰规，对通济堰工程后世影响深远。周必大《神道碑》记："公寻故迹，议伐大木，横壅溪流，度水与田平，即循溪叠石岸，引水行其中。置四十九闸以节启闭。上源用足，乃及其中，次及其下，而堰可复。议定，官为雇工运石，命其傍食利户各发丁壮，分画界至，以五年正月同日兴工，四月而成，水大至，如初议。适公被召，躬往劳之，父老欢呼曰：'堰成，公忍去我耶？'公曰：'吾能经始，安能保其无坏？'为立詹、南庙，作堰规，刻石庙中，尽给左右山林，为修堰备。至今蒙其利。"

监督者，通过组织调动物力、主持工程大修、协调用水管理，以及监督堰规执行效力，来体现在灌区的管理权威。上、中、下三源用水户是规则的执行者，在官督民办的管理模式下，工程岁修组织制度有了权威性和自觉性，保障了工程灌溉效益在灌区的最大化，以及工程运转使用的可持续性。

第三节 元明清时期：时代潮流下的灌区兴衰（13 世纪至 20 世纪初）

自南宋开禧二年（公元 1206 年）至元天历三年（公元 1330 年）、元至正四年（公元 1344 年）至明永乐九年（公元 1411 年）、明万历四十八年（公元 1620 年）至清顺治六年（公元 1649 年）这三段的朝代更替的时间里，政府对通济堰的控制力不从心，未见任何官方有关工程的记载。又或康熙十二年（公元 1673 年）至十九年（公元 1680 年）三藩之乱，咸丰八年（公元 1858 年）、十一年（公元 1861 年）太平天国运动等客观原因，处州境内战乱不断，工程屡次发生年久失修、几近颓败的情况。元、明、清三代 700 余年间能见于史料的大修共 30 次，其中元代 2 次、明代 10 次、清代 18 次。

一、元代的衰落与重建

13—14 世纪初正值草原民族统治中原的时代，为此南方地区抗元起义不断，战争频繁，社会动荡。受社会形势与国家政策影响，通济堰管理又回复到无政府状态，成为发展史上的一个空白期。加之元朝政权对原南宋辖区实行高压统治，抵制农业、限制铁器，

全国上下水利灌区工程都遭到了一定程度的破坏。彼时的通济堰虽不知受到何种影响，但在 14 世纪 30 年代路过处州的官员的描述中，得知通济堰在当时已近废弃，下源支渠几乎断流，用水户为争升斗之水都要发生械斗。如至顺二年（公元 1331 年）前温州路瑞安州判官叶现所述：

> "岁久事弊，堰首易如传舍，昔之穴者湮，筑者溃，由是，下源之民争升斗之水，不啻如较锱铢。郡守虽常展力修治，而堰首各以己私漫不加意。①"

"堰首易如传舍"，"下源之民争升斗之水"这些现象充分反映出当时灌区社会组织的混乱无序。堰首一职源于南宋，范成大《通济堰规》第一条规定：

> "所有圳堤、斗门、石函、叶穴，仰堰首朝夕巡查，有疏漏倒塌处即时修治。②"

按照堰规，堰首是由灌区三源用水户从上户中推选，经官府认可方能胜任。堰首是灌区管理组织的核心，负有总揽堰务的职责。而 14 世纪初灌区管理脱离了政府的管辖，堰首频繁更替，当职者以权谋私，以致原本依靠上、中、下三源利益均衡而形成的水利共同体因下源长期得不到用水，各村间常为"争升斗之水，不啻如较锱铢"，利益关系链断裂，灌区各村间重新回到了简单的地缘关系，缺少了共同的利益核心，通济堰这座工程的维修养护也

---

① ［清］王庭芝编：《重修通济堰志》，侯荣川整理，收入《中国水利史典.太湖及东南卷》，中国水利水电出版社，2015，第 236 页。

② ［清］王庭芝编：《重修通济堰志》，侯荣川整理，收入《中国水利史典.太湖及东南卷》，中国水利水电出版社，2015，第 235 页。

就失去了组织保障。

再者，元代初期为限制铁器在民间的使用，实行抑农政策，长此以往农业经济破坏严重，然而经济重心南移后，国家大部分的经济来源仰仗于江南。因此，元中期这种扭曲的高压政策开始松解，忽必烈多次发布劝农政策。延佑二年（公元1315年）元仁宗又诏印万部《农桑辑要》命发予浙江，陆续恢复了当地一些中小型灌溉工程①。相对于钱塘江两岸的杭嘉湖平原与宁绍平原，碧湖平原虽然不是产粮的重镇，但也是处州地区重要的粮食产地与商贸中转中心，尤其是宋代以后龙泉青瓷兴盛，到元代时碧湖平原的保定、九龙、石牛等镇都是重要的青瓷产地，这些青瓷通过通济古道与瓯江大溪运往各地，甚至远销非洲。朱伯谦、王士伦曾总结过当地陶瓷业发展的情况：

"到了元代，水陆交通和对外贸易迅速发展，而瓷器成了商业活动的重要内容，需要量激增……元代龙泉窑的规模，在这样的历史条件下，迅速地由交通不便的大窑和溪口，向瓯江和松溪两岸扩展开来。现在已经发现的元代龙泉窑系统的窑址……在丽水县的有规溪、宝定（保定）、高溪等地……大批的龙泉窑瓷器，便可以顺流而下，转由当时重要的通商口岸温州和泉州，运输到国内外市场上去。"②

而在近几年保定出土的元代青瓷上印有大量八思巴文，这种文字仅出现在龙泉窑的青瓷上，说明在元代保定窑在龙泉窑系统

① ［明］宋濂：《元史·仁宗本纪》（卷25），中华书局，1973，第571页。
② 朱伯谦、王士伦：《浙江省龙泉青瓷窑址调查发掘的主要收获》，《文物》1963年第1期，第33页。

乃至全国瓷业中都占据重要地位 [①] 。

表 2-1　　　　　　碧湖平原宋元陶瓷窑 [②]

名称	始创时期	地点	主要产品
保定 12 号窑	宋	保定村后窑山	碗、盘、盏等
石牛金堂圩窑	宋	石牛村对岸金堂圩	碗
黄山窑 4	宋	黄山村至高低级村一带山边	酒瓶、碗
保定窑	元	保定村窑山、后窑山	碗、盘、杯
高溪红株山窑	元	高溪村后红株山	碗

　　窑业的发达伴随着人口的增长、市镇的兴起、水路交通的改善，以及农业保障要求的提升。因此，在元至顺二年（公元 1331 年），处州郡长中大夫也先不花命丽水县尹卞瑄组织了通济堰工程的全面维修，数日间"度土工，虑财用，揣高下，计寻尺，斩秽除隘，树坚塞完"，通济堰灌区再次全面通水，恢复正常运转 [③] 。

　　但是，而元代较南宋来说，碧湖平原的村镇规模、人口分布已大不相同，范氏堰规的用水分配与岁修组织方式不再完全适用，而至顺年间的大修并没有对当时工程管理的弊端作出相应调整，因此修缮后的工程并没有维持太久，八年后丽水的一场大水将此毁于一旦，通济堰拦河坝被水毁后无人问津。至正二年恰逢丽水大旱，通济堰灌区无力应对，"大水因圮决存不，十三四田遂干，

---

　　① 朱伯谦认为，元代瓷器上发现八思巴文的只有龙泉窑青瓷，这一事实有力地说明了龙泉窑在元代瓷业中占有很重要的地位。同时丽水保定窑址中大量印有八思巴文瓷器的出土，也表明保定窑应起于宋代，盛烧于元代。参见陈高华、吴泰著：《宋元时期的海外贸易》，天津人民出版社，1981 版，第 175—177 页。

　　② [清] 王庭芝编：《重修通济堰志》，侯荣川整理，收入《中国水利史典．太湖及东南卷》，中国水利水电出版社，2015，第 236 页。

　　③ [清] 王庭芝编：《重修通济堰志》，侯荣川整理，收入《中国水利史典．太湖及东南卷》，中国水利水电出版社，2015，第 236 页。

不生稻谷……水弗逮中下源"，彼时渠中无水，田内稻谷不生，农业生产一度陷入瘫痪。而彼时的丽水县尹梁顺倡议修堰时，竟还遭到多次拒绝，只能以州府官员倡捐的形式募集资金，试图游说各源用水户出工出料，"覆三源承溉田亩，计集赀事木石，充用细民，量丁口任力"。值得庆幸的是，历时十个月，最终通济堰拦河坝得到了修缮，甚至较之前更有改善。对此元代项棣孙详细记录了修缮经过：

> "故有官山五里蓄筱木，岁给缮修，既易以石，木不禁樵牧，重立事殷。需矩松为基，不可得。巨室乐效材，材用足，于是且健大木，运壮石，衡从次第压之，阔加旧为尺十饬。斗门概淫必坚缀，民竭力趋事。[1]"

我们可以看出，此次大修更新置换了渠首拦河坝的坝基，并将坝基加宽了十尺，修复斗门，使工程得到加固，竣工后"三源四十八派已充溢，田得羡收"[2]。

14 世纪中期开始，由于政局动荡，灌区工程管理再度陷入混乱。元至正十一年至至正二十七年（公元 1351—1367 年），浙江境内起义不断，朱元璋起义命部下胡大海、耿再成攻处州，后四年，处州纳入明朝版图[3]。明朝建立初期经济依然凋敝，于是丽水宣慈乡矿工叶宗留在庆元聚流民为反，攻略包括处州丽水在内的浙闽

---

① ［清］王庭芝编：《重修通济堰志》，侯荣川整理，收入《中国水利史典．太湖及东南卷》，中国水利水电出版社，2015，第 236 页。

② ［清］王庭芝编：《重修通济堰志》，侯荣川整理，收入《中国水利史典．太湖及东南卷》，中国水利水电出版社，2015，第 236 页。

③ ［清］张廷玉等：《明史．列传二十一》（卷 133），中华书局，2000，第 2574—2576 页。

20 余县，直至景泰二年（公元 1453 年）才被明军镇压。历经多年战争劫难后处州城池尽坏，通济堰工程再次荒废。永乐九年（公元 1411 年）丽水田户上报直省通济堰灌区"上源民泄水自利，下源绝流，沙壅渠塞。请修堤堰如旧[①]"。这项申请也是通济堰史上唯一见于明史的记载，可见明代永乐年间已加强了政府对通济堰灌区工程的干预力度。

纵观 13—14 世纪，南方战乱不断，社会动荡不安，加之元朝初期限农政策，政府无法对通济堰灌区实施有效的监督管理。建立在稳定的赋役制度与公平的利益分配原则上的管理组织结构被破坏，灌溉效益难以长期维系。明初期虽有心改善，但政府尚未形成自上而下的干预体系，灌区工程管理总体上依然处于混乱状态。

二、明清两代的维系与发展

宋元时期，碧湖青瓷与酒业成为地方经济的主要支柱，这从宋元时在碧湖上缴赋税中酒税的占比以及保定市舶司的设置可窥一斑。但随着出海港口关闭（明清实行海禁），碧湖工商业的外部市场被切断，以外销为主的龙泉窑走向衰落，以至于明清两代碧湖平原其他村镇经济不得不回归传统农业，主要商贸活动都集中到碧湖镇，碧湖镇成为平原经济中心。这一时期，通济堰灌区面积并没有太大改变，渠系总体布局也与南宋时期相差不大，但由于人口密度、分布和农田垦殖度的变化，用水需求也需要调整。为解决不断增加的灌溉用水需求，明清时灌区内增加了许多湖塘，

---

① 周魁一等注释：《明史·河渠志六》，出自《二十五史河渠志注释》，中国书店，1990，第 466 页。

支、毛渠也更为密集。为使有限的水资源得到公平分配，明清两代政府致力于灌区水利秩序的维护，加强了对渠上节制概闸的管理。明洪武时通过在全国推行里甲赋税制度，中央加强了对地方基层组织的把控。因此在明初和明中期，我们可以看到通济堰灌区管理事务中有了更多政府的身影。如明代政府在开拓概处设立水则碑，以明确干渠上各概的尺寸、规格，以及各源轮水期限，政府人员通过主持堰渠的维修、资金筹集、督劝兴工介入灌区管理的各项细节中。万历年三十五（公元1607年）、三十六年（公元1608年）丽水知县樊良枢主持大修通济堰，并在范成大堰规的基础上制定了《新堰规八则》《修堰条例四则》《三源轮放水条规》等，都是政府加强对灌区控制的有力证明[1]。

但是，万历以后国力中落，政府对基层组织的管理就逐渐显得力不从心。通济堰灌区工程"以兵燹频，仍官视为传舍，遂未遽问"，一度陷入无人问津、管理无序的局面："或溢或涸，堰之水不复由故道矣"[2]。清代以降，尤其在清中晚期，政府对乡村社会的管理更加松散。受战乱影响，通济堰灌区经历了多次浩劫：康熙十四年（公元1675年）年的三藩之乱、咸丰年间太平天国攻占处州，导致浙江人口急剧下降。左宗棠对同治三年（公元1864年）战后浙江人口状况是这样描述的：

"通计浙东八府，惟宁波、温州尚称完善，绍兴次之，台州又次之，至金华、衢州、严州、处州等处孑遗之民，则不及

---

① ［清］王庭芝编：《重修通济堰志》，侯荣川整理，收入《中国水利史典·太湖及东南卷》，中国水利水电出版社，2015，第243页。
② ［清］王庭芝编：《重修通济堰志》，侯荣川整理，收入《中国水利史典·太湖及东南卷》，中国水利水电出版社，2015，第259页。

从前二十分之一矣。或壮丁被掳而老稚仅存，或夫男惨亡而妇女靡托。臣师行所至，灾黎环吁马前，泣诉痛苦情形，幽咽莫办，亦惟有挥泪谢之而已。其浙西三属，惟嘉善、石门、平湖、桐乡等县素赖蚕桑为生计，数年之后，或可复元，其近山各县情形亦与金、严等处相似。[①]"

从"金华、衢州、严州、处州等处孑遗之民，则不及从前二十分之一矣"的描述中不难推断，当时处州一带是战争的重灾区。根据曹树基的统计，咸丰八年（公元 1858 年）战争刚开始时丽水县人口尚有 23.9 万户，到了同治四年（公元 1865 年）就只剩 10.4 万户左右，战争期间人口损失不下 13.5 万户，损失率为 56.4%[②]。加上咸丰八年至同治元年（公元 1862 年）这四年中丽水自然灾害不断，仅《丽水县志·祥异》记载的就有 1 次水灾，1 次地震，2 次大疫，丽水县民"犹艰于食"。在战争与自然灾害的摧残下，政府无力操持灌区管理，其时工程岁修懈怠，水利秩序混乱，三源用水纷争不断[③]。

尽管如此，处州的地方官员还是清楚地认识到整个处州近 70% 的赋税都出自碧湖平原，通济堰的灌溉效益对处州经济发展与社会稳定意义重大。因此战乱后都有对灌区工程的修复行动，影响较大的是同治四年（公元 1865 年）时任处州知府清安主持的大修。次年颁布了《三源大概规条》，对各村分水时间、分水方式、

---

① ［清］左宗棠：《左宗棠全集》，上海书店，1986，第 1574—1575 页。

② 曹树基、李玉尚：《太平天国战争对浙江人口的影响》，《复旦学报》2000年第 5 期，第 40—41 页。

③［清］潘绍诒：《（光绪）处州府志·祥异》，收入《中国地方志集成·浙江府县志辑》第 63 册，上海书店，1993，第 903—918 页。

闸改规格作了相应的调整。尽管灌溉总面积变化微小，但宋以来三源内部村落、渠系、湖塘始终处在发展变动中，堰簿中筶溪口、郎奇、后店等村名的出现，表明灌溉渠系已向碧湖平原西部山麓一带扩展；从乾隆到同治的 100 多年里，又新增了上埠、下埠、吴圩、柳里等村；碧湖三保从上源归入中源，原来属于中源灌区的朱村又归入下源。另一方面，人口密集度的增大也催生了大量人工开挖的湖塘，据清末民初统计灌区内共有湖塘 200 余处，这些湖塘与通济堰渠系相连，加强了通济堰对水量的调蓄功能。除此之外，新的灌区条例中，增加了对私自引水、放水者的处置措施，违规者戴枷服役或缴纳罚款。其实，在清代通济堰的建设中，政府由于自身力量有限，农村社会的乡绅阶层成为帮助地方政府重振工程的主力，但政府为了树立官方在堰务管理中的权威，也不忘通过制定堰规，来保持自身在灌区管理事务中的决定性作用。然而到了清晚期，政府对地方基层社会的掌控逐渐力不从心，在监督堰规施行的过程中不得不借助乡绅这类地方精英集团的力量来把控大局，甚至借用民间信仰来强化自身的权威。

道光年间知府雷学海订立了通济堰《新规八条》，对民间管理组织的人员结构、选择方式，以及灌溉用水分配、祭祀等条例作了详细规定；同治年间知府清安召集邑绅，为明确堰渠管理建平水亭，勒《三源大概规条》于石，并针对堰基、概闸状况发布告示，同时又增订《重修通济堰工程条例十三条》《续修通济堰工程十八段附录》等规约，以使"人均其泽"，图堰利之长远。光绪年间知府萧文昭主持通济堰大修，不但全面恢复了工程的灌溉效益，还颁定了《通济西堰缮后章程》，建立了供堰长议事、租谷存放和祭祀的西堰公所，进一步完善了灌区的管理制度，为

堰利之延续提供了基础后盾^①。

在长期的官民合作过程中，政府与灌区用水户间的关系是双向的。一方面政府为稳定社会、确保赋税来源主动介入公共工程的维护；另一方面，民间用水户为利益公平分配也自发地寻求官方支持、配合官方制定的水利规约，以维持水利秩序。相较于明代，清代地方政府在工程管理中逐渐退出主导地位，取而代之的是以乡绅为代表的基层精英，他们集议商讨堰务、上书报修、出资倡捐、组织岁修、征收堰租，修订堰册，不仅是维持地方水利秩序稳定、工程可持续运行的主要力量，也是灌区民与官沟通的中介，政府在自身力量不支时也更乐于借助他们的势力以实现对地方的良好的管控。

第四节　现当代：承前启后的灌区发展

晚清民国时期，地方社会的水利秩序普遍较为混乱，水利矛盾日益尖锐，极大制约了水利工程的兴修，严重的民间水利纠纷，对水利事业产生了消极影响。

20世纪是通济堰工程发展承前启后的重要阶段。这一时期，战火连绵，尤其是抗战时期，丽水作为后方仍未逃过受日军轰炸的命运。而积贫积弱的国民政府倾力维持，也仅有过三次大修，灌区面积比清代时缩小了近1万亩。但饶有特色的是，这三次大修都是中国水利工程技术由传统向现代变革的缩影。近代以来，水泥在水利工程中广泛使用，民国时期已具备了水泥灌浆技术，

---

① ［清］王庭芝编：《重修通济堰志》，侯荣川整理，收入《中国水利史典·太湖及东南卷》，中国水利水电出版社，2015，第243页。

这一重大变革取代了传统水利工程中以铁锭、铁浆、糯米黏合连结的方法，使工程整体更具稳定性。钢筋混凝土结构的水工建筑也逐步普及，通济堰渠首拦河坝也在这一时期，由砌石结构演变为混凝土结构。叠梁木闸演变为半自动提拉式闸门，引水闸变为地下涵洞。同时，现代水文测验与地形勘测技术的运用在改善渠道坡度，提高灌溉系数，缓解防洪压力等方面起到了很大帮助。

民国的三次大修，虽着重于"补缺"，但因材料、技术、结构的变化，也开启了传统灌区工程向现代转变的大门，这无疑对后来通济堰的蜕变与发展是有特殊意义的。

而在管理方面，基层水利管理组织对一座乡村水利工程效益的可持续性起着重要影响。原有基层管理组织的主力军——乡绅士族阶层已随着清王朝的衰亡而没落，新的管理组织被灌区水利委员会代替（详见第四章）。

中华人民共和国成立以后，工程进入了现代化转型时期，灌区工程发展中引进了新材料、新结构和新技术。渠首拦河坝沿用传统风格，内部结构被改造为混凝土干砌块石结构；旧引水口、通船闸和叶穴斗门的功能被新建的通济闸所代替；灌区干支渠系控制工程大多改为混凝土闸板和半自动提升式闸门。70年代以后，通过对通济古堰与古白溪、岑溪、高溪的治理，又新开建了高溪水库、郎奇水库和新治河，形成了以通济堰灌区为骨干的，蓄、引、提相结合的碧湖大灌区，构成了现代灌区的新格局。随着社会结构的变革，灌区管理模式也逐步向现代中小型农田水利管理模式过渡。在这变革的初期，为了提高渠系水利用系数、提高流速、提高渠道防洪标准，曾流行过全由混凝土砌成的"三面光"的渠道。然而随着对现代工业科技的反思和对水生态文明的日益重视，

传统水工技术的优越性又重回世人视野，并在当代灌区发展中流露出新生活力。

一、民国通济堰的三次大修

民国期间，通济堰大修记录共有三次。第一次在民国初年（1912年）到民国二年（1913年）。根据民国浙江巡按使公署《浙江省办理温处水灾征信录》1912年12月30日档案统计，该年份温、处13县受灾数达159205户，其中丽水有10县列属重灾区，通济堰灌区所在的碧湖平原也未能幸免[1]。为此，北洋政府国务院拨发军需公债票10万元和现银5万元开展工赈，积极修复水毁道路桥梁和水利设施[2]。通济堰水利委员会也申请修复在这次洪水中被冲垮30余丈（约100米）的堰首拦河坝。此外，又在大坝南岸山脚增建决水障一座，相当于今天的挑流坝功能：水大时既可将水势挡回而斜冲，减轻对大坝的直接对冲，又可借斜冲水势冲刷斗门上游的砂砾，以减少进入渠道的泥沙，与大坝护底结合构成固坝防冲体系。

第二次是民国二十七年（1938年）大修。前一年，抗日战争全面爆发，杭、嘉、湖、宁、绍地区相继沦陷，省政府及其厅属撤退至浙南山区，金华、丽水一带成为浙江省重要的抗战后方。然可耕之地日蹙，农田水利设施受战争影响败坏不堪，产收不敷。为适应战时需要，内地县市集中力量积极发展农业生产，碧湖平原作为浙西南面积较大的平原灌区之一，也承担了军粮生产的重

---

[1] 周率：《民国元年温处水灾百年记》，《丽水日报·文史版》2012年9月10日。
[2] 《旧温处两属被灾各县筹办工赈章程》，《浙江公报》1914年第703期。

担①。然而当时通济堰工程"因改制，争夺水量时起争端"②，碧湖平原"久晴则旱，堰涸见底"③，彼时碧湖区九龙乡乡长叶加礼、中和乡乡长卢守真联名呈请勘察维修通济堰。当时负责农业生产的机构为浙江省建设厅下的省农业改进所，为尽快恢复工程灌溉效益，农业改进所即派农田水利队专员勘察灌区工程，并将勘察情况汇报至丽水政府，呈请丽水县政府召集灌区各乡负责人讨论整理维修办法、制定改建计划，由建设厅核准后会同丽水县政府与灌区水利委员会共同筹备开工事宜。1938年11月22日，通济堰大修竣工。

此次工程整修主要围绕进水涵洞改造、干支渠疏浚和闸坝修

图2-1　《农情》，1938年第46期

理三个方面进行。这一时期，西方水利学理论已广泛应用于水工建设过程中，通济堰进水涵洞的设计也采用了科学计算公式，根

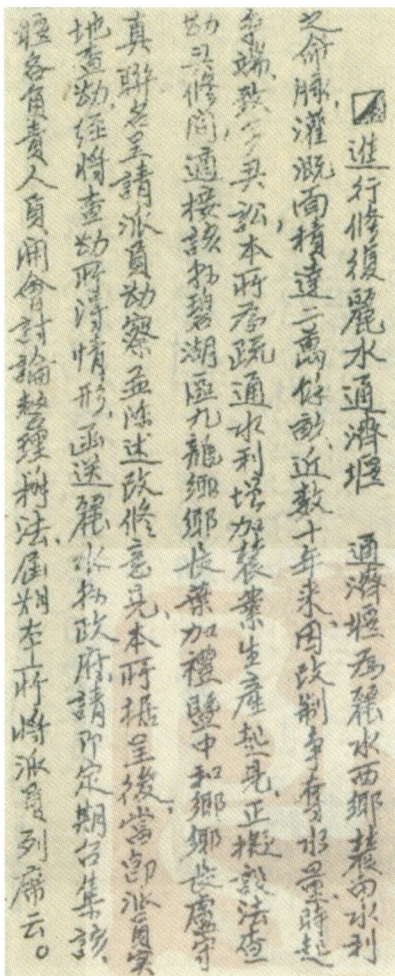

---

① [民国]浙江省水利局：《十年来之浙江水利建设》，《浙江省水利建设汇刊》1948年12月，第2页。

② [民国]《进行修复丽水通济渠》，《农情》，1938年第46期。

③ [民国]徐家瑗：《丽水通济渠工程》，《浙江农业》1939年第10期，第18—20页。

据"水稻生育时间需水量／流域面积以内雨量供给"得出所需灌溉面积用水量，以此设定进水涵洞计划引水量。进水涵洞，清称"巩固桥"，原本是一座由木叠梁概闸和提概枋桥组成的水工建筑，共 2 孔闸，每孔净宽 3 米。重修时，每孔净宽改成了 4.6 米，涵底放低至与拦河坝坝底高差 1 米位置，比旧涵底低了 0.62 米。底部两面用一、三、六号混凝土作隔断墙，涵洞墩座上部用条石整砌，顶部填土筑堤。在渠道改造方面，先对各源堰堤淤垫情况进行了实测后，依照 4 立方米每秒的流量对"进水口——开拓概"段总长 6.178 千米的主干渠进行了改造，之后又对各源干支渠及其上 53 座概闸进行疏通改建。工程共计疏浚干渠 14.4 千米，支渠 21 条，总长 70 千米。所有干渠采用宽 4 米、纵坡比 1‰、边坡 1∶1 的规格，支渠底宽则根据需要灌溉引水量控制在 1 ~ 3 米左右[1]。竣工后，灌区渠道坡度获得改善，轮水期实际引水量达到设计标准，且因概闸的巩固也有效减少了尾闾泄漏，提高了灌溉保证率。

值得一提的是，该次维修中涵洞改造和主干渠修缮采用的是公开竞标的方式，承包给第三方外包工程队完成。而干、支渠改造疏浚依然采用清代"十八段"法，将灌区用水户按保甲制分为 46 保，依照当地县水利会赶造的受益田亩册征工编配，分条划段，并在农改所水利工程队的指导下逐段施工放样完成。工程管理上，由省农改所设立的灌区监工处负责监督、指导一切施工事宜。又在上、中、下三源各设一政工办事处，由政府官员专驻工次督办征工事宜。

而为了在战时保障工程浚修的顺利完成，维修所需资金少数

---

①［民国］徐家瑷:《丽水通济渠工程》,《浙江农业》1939年第10期,第18—20页。

一部分由堰租支出，其余部分都是依照民国二十七年（1938年）省府首创的贷款制度，由灌区水利委员会报县政府呈准担保后，向合作金库借贷完成。该次工程共借贷27000元，贷款本金以三源用水户受益田亩数摊派，分2年还清。施工所用物料堰首部分由外包方自行解决，干支渠"十八段"由灌区水利委员会雇工赶制并调送至各段。由于战时经济凋敝，外包施工队在施工期间还出现了资金不足、工人罢工等现象。为此，灌区水利委员会专门出面会商县政府合作金库借款提供周转费，勉强维持到工程完成[①]。相比之下，干支渠段的施工相对比较顺利，人力、物力都出自灌区用水户，渠道好坏与自身利益息息相关，故未出现因物资短缺消极怠工、罢工等现象，渠道清淤、拓宽、渠岸修筑和绿化种植等预期规划项目都如期完成，只是施工质量比起专业第三方团队来说略显逊色。

　　第三次大修在民国三十五年（公元1946年）。经过民国二十七年（1938年）大修后，灌区面积恢复至3万亩左右。但不久后，日军先后于民国年三十一（1942年）、三十三年（1944年）2次大规模轰炸丽水，并投放细菌病毒，人员伤亡惨重，工业、水利、电力、农业等事业一度受到毁灭性重创，直至民国三十三年（1944年）抗战胜利前夕，丽水人口较战前下降一半有余。在这样的时局环境下，通济堰灌区正常的水利秩序也难以维系。民国三十四年（1945年）浙江省建设厅勘察通济堰毁坏情况时，发现渠道淤塞严重，工程几近荒废。当年，省建设厅主持修复了战时被毁的坝闸工程，使灌溉效益恢复至战前。然而不久省政府回迁，

---

① ［民国］浙江省水利局：《浙江省水利法规辑要》，《浙江省水利建设汇刊》1948年第3期，第18页。

省政府急于恢复沿海地区水利工程，丽水非农田水利重点投资对象。缺少稳定资金维护的灌区没过几年又几近衰败。

二、中华人民共和国成立后灌区拓修与改造

中华人民共和国成立以后的 70 年里，通济堰灌区变化斐然：20 世纪 50—70 年代，灌区工程基本完成自动化、半自动化改造；70—80 年代末，灌区有了总体规划，灌区面积进一步扩大。在这一过程中积累的修缮数据、测量数据、用水数据，成为后来灌区扩展与提升的重要依据。

因民国后期灌区资金、管理问题，通济堰效益维系艰难。新中国成立之初，通济堰已有 18 年未得维修，灌溉面积不足 4000 亩，工程主体损伤严重。恰逢 1952 年至 1954 年连续丰水年，数次洪水侵扰使整座工程雪上加霜。为尽快修复水毁工程，恢复灌区生产秩序，1954 年至 1956 年，丽水县政府主持对通济堰进行了持续 3 年的维修工程，主要内容是重建渠首枢纽与拓展灌区以西灌溉范围。

彼时原通济堰灌区水利委员会已改为合作社形式。通济堰合作社于 1950 年第三次理监事联席会上就提出过通济堰整修方案，并呈报给丽水县政府，当时的反馈是更换了渠首进水口小斗门闸板，并对灌区主干渠进行了简单清淤。但在 1953 年的大水中，通济堰工程多处被水毁，尽管其后合作社组织过几次修补工程，依然阻止不了工程的老化。1953 年冬，丽水县政府协请温州专署水利工程队赴灌区进行了为期 45 天工程勘察，在对可行性报告再三论证后，制定了大修方案，主要内容为：一是渠首部分将原有的进水闸门（巩固桥）向上游移 15 米，重建为"通济闸"；二是新

建排沙门一座，与通济闸相连，并将原来坝中央的筏道移至大坝北端的排沙门附近；三是堰首主体工程——拦河坝以混凝土砌块石结构代替原有结构，按原貌重修，但坝高增加了 0.45 米，坝长增加了 45 米，以提高壅水位，使灌区引水量提升了 3 倍；四是主干渠上三洞桥部分，改为块石作底，条石水泥砌筑作桥面，以条石、蛎灰加高挡水墙，增强工程的稳定性和防渗性。

此次方案未来得及落实，就逢 1954、1955 夏季两次特大洪水袭击。拦河坝大面积坍塌，其他干支渠道损毁严重。因此 1955 年、1956 年的主要任务是抢修大坝、恢复干渠通水，然后逐步按原计划完成灌区其余工程改造，调整各个分水口的宽度和高低，以增加引水量，还在渠道落差较大的地方增加了 3 台水泵和抽水机。

这次大修是新中国成立后的灌区的首次大修，在工程结构和材料上融入了混凝土结构和半自动机械提拉式闸门等先进元素，既使工程在使用上更为坚固，又让管理更为便捷。

为扩大通济堰灌溉效益，1956 年渠首大修竣工后，碧湖镇政府又组织合作社开挖了爱国圳、丰产圳，使碧湖平原西面灌区范围向西扩展。60 年代开始，政府又组织开展了一次全面清淤、整修活动，修复水毁堤岸，疏通周巷至木樨花概渠道，拆修木樨花概、凤台概，修理西圳口、河塘概、金丝概、城塘概、竹园、彭头概等，并对大坝进水口至三洞桥 320 米渠道两岸进行护坡。

20 世纪 70、80 年代，为适应灌区双季稻种植用水的需求，工程改造的主要精力投入在配备机电灌溉与扩大灌区面积上，以增加供水量。从 1968 年到 1979 年，灌区新建了新亭乌面砍翻水站、幸福村横塘翻水站，电灌设备增加了 20 余台，筒车、水车等古老的提水设备大批量退出历史舞台。干、支渠上的叠梁闸替换为半

自动启闭的机械水泥闸门，原木制大坝进水闸和排沙闸都换作混凝土平面闸门，这些改变都在一定程度上起到了更为便捷、高效的管理作用，提高应急性能，缩减人员开支。但也带来了新的问题：提拉式闸门拦沙效果弱于叠梁式闸门，容易将泥沙带到下游，造成输水渠道内的泥沙淤积，无形之中又增加了每年的清淤工作。而这一弊端，在起初并没有显现，因此到了 80 年代，重要概闸都完成了半自动化改造。为了解决通济堰渠灌溉不及时和水量不足的问题，1973 年至 1987 年，利用原来金沟堰旧渠修建了高溪水库，其中与通济堰渠道混合灌溉面积 246.7 平方千米，增加灌溉面积 1000 平方千米。同期还新建了郎奇水库，负责灌溉新治河以北的郎奇、百桥、白口、下堰、赵村、蒲塘村等村，新增灌溉面积 333.3 平方千米。有了高溪水库、郎奇水库两个灌区的补充，整个碧湖平原受益田亩由原来的 3 万余亩增加到 5 万余亩。

与此同时，灌区排涝问题却日益凸显。碧湖平原地势偏低，西面山水多，流域面积大。原有山水大多能通过岑溪、高溪、白溪排入瓯江，当季节性山洪暴发时，下游河道有通济堰渠和陂塘调控蓄滞，平原不易受涝。然而日久河道淤废，原高溪下游河道基本消失，加之 20 世纪后填湖造田等原因灌区许多大小陂塘亦被填埋，每当夏季洪水暴发平原就易受涝。自"概头—周巷—魏村—章塘—上朱村—下朱村"为碧湖平原地势最低线，每逢洪涝，这一线农田必淹。因此为减轻汛期防洪压力，20 世纪 70 年代末，当地利用原白溪河道开挖了一条长 9000 余米，河面宽 17.5~22 米、底宽 10~13 米、水深 2.5~3 米，每秒排水量 58~78 立方米的新河道，命名为新治河。新治河从岚山头接南溪，至高溪合水库尾水，再至蒲塘、下陈、红叶、白桥、下黄村注入大溪，负担了灌区西部

40平方千米和后山70平方千米的集雨面积，使灌区13个村万亩农田基本免除洪涝灾害威胁，灌区排涝工程标准提高为十年一遇一日暴雨二日排出，耕地面积增加33.3平方千米[①]。

20世纪90年代开始，丽水市水利局治水思路从原有的应急性补救转变为有规划、有重点、全面综合治理，全市共兴修大小水利工程120余处，通济堰灌区魏村排涝工程也被列为全市重点水利项目之一。魏村排涝工程计划整修魏村自主干渠一线渠道，将魏村上游的山坑水引入通济堰主干渠，以保护魏村以西农田不受内涝。从1991年到2005年，新开魏村至贯庄排涝渠共969米，贯庄上游积水可经过新渠直接排入瓯江大溪，保障了主干渠的行洪安全，有效缓解灌区内涝。

三、21世纪多目标视野下的灌区融合发展

从20世纪50年代到90年代，通济堰灌区规模逐渐扩大，灌溉保证率逐步提升。然而，随着碧湖工业生态园区、古堰画乡景区、碧湖水利风景区、碧湖新城等规划的推进，碧湖平原需要更强有力的水安全保障能力来满足工业、农业、生活用水需求，以及水生态环境提升要求。

为此，进入21世纪后，莲都区政府陆续启动灌区防洪排涝提标与节水改造项目。针对平原内部存在的山区来水缺乏有效控制、通济堰水系缺乏骨干排水通道、局部地势低洼地区易涝、整体排涝出口少、排水线路长等防洪排涝短板，碧湖平原大溪沿岸修建了20～50年一遇的防洪堤，并于魏村新建中干渠至大溪排涝渠，

---

①《莲都区水利志》编纂委员会编：《莲都区水利志》，方志出版社，2009，第145页。

将通济堰贯庄上游干渠控制面积 6.78 平方千米的暴雨直接排至大溪，减轻中干渠的排涝压力。新建排涝渠全长 1069 米，两渠岸布置机耕路和灌水渠，配套新建渡槽 7 座、机耕桥 3 座、龙丽公路桥 1 座、控制闸 3 座。

而碧湖中型灌区的节水改造主要内容是对灌区灌溉、排水系统的更新与改造。通过渠道衬砌、渠首及主要干支渠的防渗处理，灌区引水系数从 0.3 提升至 0.9，渠系水利用系数达到 0.67，灌溉水利用系数提高到 0.62 以上 [1]。渠首处，由于先前的改造中，将进水闸由叠梁闸门改为平板闸门后，因开启闸门时由下侧开始进水，泥沙极易进入渠道，增加了渠系淤积量的这一弊端已经得到关注，但传统叠梁闸启闭需要大量的人力与管理时间，因此设计者在传统与现代利弊结合的思考中创造性地对进水闸门进行了改造：即在进水闸门槽底部加 2 块高 20 厘米的钢筋砼叠梁，以抬高取水高度，挡住部分叠石进入渠道，在枯水位取水时，再把叠梁拿掉，从而达到减少渠道淤积的目的，同时将闸门启闭设备由人工启闭改为电动启闭。而在渠首冲沙闸的改造中，设计者加高了冲沙闸闸墩门槽行，并增设胸墙，使冲沙闸在高水位时也能正常运转，以避免高水位时闸门不宜开启之弊。此外，还对主干渠、干渠进行了全面疏浚和整治，开拓概下东、中、西三条分干渠全部进行干砌石护坡，减少渠系渗漏。值得一提的是，由于通济堰国保等级地位的提升，2015 年的中型灌区节水改造工程规划与实施比以往更为重视对文物的保护。为保持渠系的历史环境风貌，严格执行对文物最小干预的原则，本次工程布置原则按照维持原状布置，

---

[1] 莲都区碧湖中型灌区节水配套改造规划，莲都区水利局提供。

修缮、加固措施均以保护历史遗存、保证安全、维持原有功能为限度。在设计上，工程渠道布置与原工程渠道布置基本维持一致，以不改变灌区原有的渠系各区，同时通过渠底高程和设计水面线增加供水量，这也最大限度地减少了工程量和相应的资金投入。

2012年生态文明概念提出后，全国上下对生态与经济发展关系的思考更为深入。当年丽水市第三次党代会即制定了"秀山丽水、养生福地"的丽水发展区域定位，而"秀山丽水"中的"丽水"则需仰赖于优质的水生态环境。碧湖因拥有水系交错的田园风光和源远流长的水利文化，被作为田园旅游、生态休闲产业发展的重点培育基地，通济堰的生态价值也获得了更多的关注。在数年酝酿下，2022年支撑碧湖新城发展的水系连通综合整治工程（一期）正式动工，并在同年通过二期、三期可行性报告。计划通过这三期工程建设，将碧湖平原金村溪、箬溪、大垄源、缸窑溪等现有渠道拓宽，新开魏村排涝渠，将新碧河连通，打通从丽水市区至碧湖航道，同时对灌区现有工程进行生态提升改造。依据河道形势及蓄水需求，新增蓄水湖塘、堰坝及涵洞若干，运用古法"理水营田"重现灌溉网络纵横交错的水系布局、完善灌区内生态体系，搞好滨水游步道、滨河公园、河埠头等观水、戏水、亲水的便民服务设施，形成"点、线、面"相结合的景观、旅游和生态的互动服务体系，以"古堰"为情怀的碧湖田园水网景观逐年生动丰满。

在综合整治工程中，玉溪水库引水工程作为通济堰水源补充工程，对提高碧湖平原水安全保障、改善碧湖平原水动力条件，促进河网水体流动，提升水生态环境至关重要。这项工程于2022年正式开工，计划在大溪上游玉溪水利枢纽上游左岸新建引水隧

洞，从玉溪水库预留引水口向碧湖平原引水，引水隧洞的终点位于松阴溪通济堰上游右岸。引水工程建成后，通济堰灌区内供水安全保障率与生态流量保障率都将大幅度提高。2023 年，又一项重大水生态工程——投资 1.3 亿的莲湖水库项目建议书通过审查，莲湖水库将结合通济堰配套补水工程，为碧湖乃至瓯江流域水生态调度提供水源保障，"千年古堰"也将在新时代的多目标融合发展中迸发出有力生机。

第三章　通济堰传统工程技术

　　从工程技术史的角度很难将通济堰 1500 多年的演变进程清晰划分阶段，但宋代无疑是工程技术与管理水平产生重大飞跃的重要阶段。这一阶段灌区渠首枢纽、渠系逐步形成并发展完备。多级干支渠以及概闸、石函等分水工程构成了碧湖平原灌溉、水运、行洪的综合保障体系。宋以后的 1500 多年历史进程中，通济堰工程形式和建筑风格都保持了相对长久的稳定。这一重要特点，也是人们了解和研究通济堰历史价值、科学成就，以及未来发展方向的最佳切入点。

第一节　渠首枢纽布置及演变

　　通济堰作为中国古代南方少有的典型有坝引水工程，其工程布置和形式体现出传统水利"因地制宜、因势利导"的规划理念和技术特点。随着可持续发展理念的深入人心，历史上大型水利堰坝工程，特别是目前仍在使用的古堰工程备受关注。通济堰渠首枢纽由拦河坝、进水口、冲沙闸和船缺组成。渠首拦河坝的选址恰到好处地利用了松阴溪的河床地形和水文特性。在离松阴溪自高山峡谷过渡到平原地带，与瓯江大溪合口上游 1.2 千米处筑堰壅水，一方面这里松阴溪河道南北两岸山势拉开，河面渐宽，坡降骤减，流速变缓，另一方面借助下游瓯江回流自然顶托作用在汛期抵冲上游水势，可减轻洪水对大坝的压力。拦河坝上游北岸是通济堰的引水口，受堰后圩至堰头村一带弯道环流作用，引水口进水量不再增加。引水口所在位置是堰头村碧湖平原的制高点（海拔约73米），利用平原自西南向东北递减的地势可实现最大面积的自流灌溉。引水口下游设有拦沙闸和泄洪斗门，拦河坝上开有便于瓯江通航的船缺，各个设施各司其职又相互配合、协调运作，使渠首枢纽形成一个由引水、泄洪、冲沙、通航功能的整体（图3-1）。

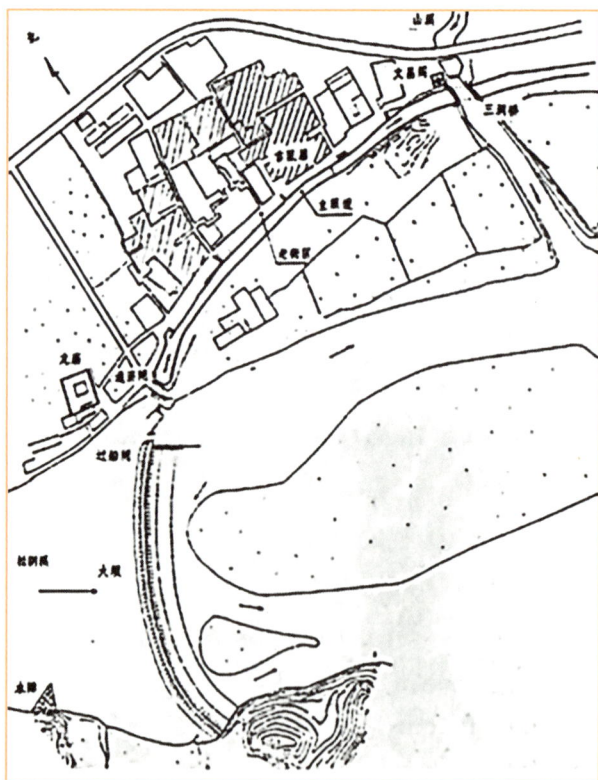

图3-1　通济堰渠首平面示意图（当代）
（图片来源于《通济堰文物保护规划》）

一、通济堰渠首的设计特点

通济堰拦河坝是渠首枢纽运作的核心，它的选址是经过多次失败尝试而固定下来的，坝形也经历了由临时性工程至永久性工程的嬗变。由于松阴溪河道地形复杂，河面宽过 200 米，水位受季节性影响洪枯变化悬殊，据当前坝址上游 16 千米处的靖居口水文站实测，1954 年到 2010 年最高洪水位达 95.91 米，流量 4250 立方米每秒。在这样的河道上拦河筑堰，在没有钢筋混凝土材料的古代技术难度很大。宋人所传詹、南二司马得龙之化身"白蛇"指引在其过溪处建坝实则证明了通济堰的筑成不是一蹴而就的，而是先民在对拦河坝选址进行多次尝试后的结果。拦河坝充分利用了松阴溪河床的特点，巧妙地设计成向上游弯曲的弧形，坝的截面呈不等边梯形，前底面向下游倾斜成坦底作为效能措施，保护河床免受流水冲刷，弧形又拉大了坝体身长，从而又减轻了坝体单宽面积承受的压力，提高了大坝的负力性能。大坝堰顶高程仅 2.5 米，历史上更低 0.5 米，汛期洪水能够通过大坝顶端溢流排泄。整体工程通过合理的选址、构型、长度、高程、断面，可较好地维持过流断面，有利于引水的顺畅和灌溉功能的发挥（图 3-2）。

为了保持松阴溪与瓯江间的航运功能，拦河坝在初建时就设有船缺，南宋人范成大记"出行船处，即石堤稍低处是也"。船缺只允许小船、轻船通过，若遇载物货船，无论官私，都需卸货再拨过。遇正当灌溉时，所有轻、重船只都只能由通济堰沿岸沙洲牵过，以防止水利泄漏[1]。

---

[1] ［清］王庭芝编：《重修通济堰志》，侯荣川整理，收入《中国水利史典·太湖及东南卷》，中国水利水电出版社，2015，第 235 页。

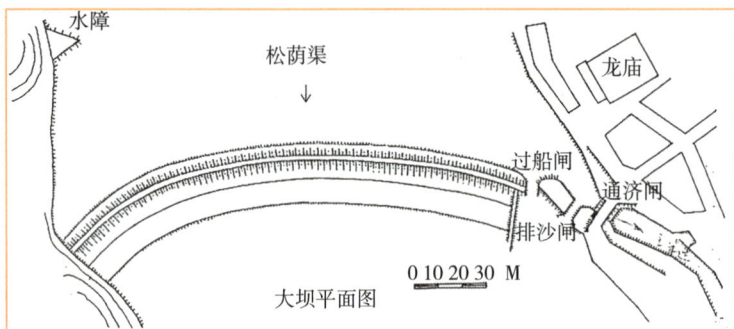

图 3-2　当代通济堰大坝平面示意图

（图片来源于《通济堰文物保护规划》）

13世纪拦河坝由原来的木筱结构改建为砌石结构，在坝体中部留下一处稍低部，保留了通船功能，也更方便对往来船只进行管理。明代万历十二年（公元1584年）丽水知县吴思学重修拦河坝时在坝体中北部创堰门"以时启闭，便舟楫往来"，现在通济堰渠首拦河坝中央，还留有当年拔船过堰的绞关[①]。今通济堰通船筏道是1954年对渠首进行大规模整修时设立的，位置较之前更偏向大坝北侧，与二孔排沙门相连，其上则不再设闸门启闭控制（如图3-3）

通济堰拦河坝和进水口的相对位置是工程引水的关键。公元6世纪以来，进水口位置随河道中泓变迁至少发生过2次大的改变。20世纪以前，通济堰的进水口在今通济闸下游15米处，清称"巩固桥"，它是一座由木叠梁门概闸和提概枋的桥连体的"桥闸"，共2孔，口门底高程与今闸底高程相差5～6米。正常年份，当松阴溪流量较大时，进水口门出现壅水，可使拦河坝底流流速降低，

---

① ［清］王庭芝编：《重修通济堰志》，侯荣川整理，收入《中国水利史典·太湖及东南卷》，中国水利水电出版社，2015，第254页。

阻止大量推移质前进，一部分推移质被弯道环流带至拦河坝排出，一部分沉积在进水口到拦河坝之间，可在冬季枯水季节集中人力挑挖清淤。但倘若工程年久失修，不断淤积的泥沙便会阻塞进水口，民国二十七年（1938 年）通济堰大修时，检查进水口已半数淤塞，因而对其进行了大幅度整修改造。根据水稻生育时间需水量与流域面积内雨量供给关系得出的灌溉所需田亩面积，为进水涵洞重新设定了水量。改造后的进水涵洞共 2 孔，每孔有净宽 4.6 米的条石整砌拱形闸门，引水口涵洞涵底高程与堰顶高程相差 1 米，可保证松阴溪在枯水位时也有足够的引水量，平常年份基本可保持在 18.32 亿立方米 / 年。然而此后通济堰岁修再一次中断，河床不断淤高，最终在 1954 年大修时将引水涵洞向上游迁移至靠近北岸位置，既便于管理，又可减少弯道处泥沙的淤积，防止进水口淤塞。进水闸门与大坝连为一体，共 3 孔，每孔净宽 2 米，闸门依然保持木叠梁门结构。

　　20 世纪 50 年代以后，自动半自动水利机械大幅取代传统水利机械，通济闸的木叠梁闸门也在 1989 年大修时改成了半机械启闭闸门（图 3-3）。但是提拉式闸门相比传统叠梁式闸门，尽管更便于操作和管理，却不利于拦沙。泥沙含量较大的水流通常处于水流底部，自下而上开启的闸门很容易让泥沙含量较大的水流进入渠道，引起渠道淤积。而自上而下开启的木叠梁闸门可自下部拦截含沙量较大的水流，使含沙量较小的水流从闸上通过，能够有效保证通济堰的水质。

图 3-3　80 年代大修后的通济堰拦河坝与进水闸

（中国水科院水利史研究中心提供）

二、拦河坝坝形的演变

从南北朝到南宋，渠首拦河坝经历了从木筱结构到砌石结构的嬗变。关于最早的"木筱结构"的基本形态，考古界有过"编桩土心坝"和"木框填石坝"两种推论。"编桩土心坝"源自 20 世纪 90 年代浙江省考古所沈衣食先生的推论，然而缺乏数据支撑，史料上也难以找到相关依据来佐证，无从断定其可能性[①]。相较而言，"木框填石坝"的推论更有可能，主要是因为"木框填石坝"这一构件与中国古代水工建筑中常用的竹笼、木囤相似度极高。早在战国时期，成都平原就有使用竹笼筑堤的经验。至迟在汉代，出现了使用竹笼、木囤用以抢险堵口的文字记载。公元前 28 年黄河治河过程中王延世在东郡堵口时"以竹落（笼）长四丈，大九围，盛以小石，两船夹载而下之"[②]。三国时魏嘉平二年（公元 250 年）在㶟水（今永定河附近）修筑的戾陵堰也采用了"木笼"或"竹笼"这种构件，并以垒砌方式做成溢流堰体[③]。唐代以后，竹笼、木囤因其成本低廉，方便就地取材，施工方便，可用作消能防冲、稳定坝基、落淤固滩等优点在南方水利工程中普遍使用。《通济堰志》中曾多次提到过一种名为"水仓"的河工构件，其做法与木笼、木囤制作工艺相似，是在木框中放篁皮，并置木筱固定，再填实土砾筑成堰坝。"水仓"所使用的材料取自于北岸保定村内的"鹰乌山"。南宋为保证通济堰抢修材料有足够来源，特将"鹰乌山"划为堰山，平日不准随意砍樵，遇堰役时堰夫需上山砍筱，每工限二十束，每束长 1 丈（约 3.33 米），围 7 尺（约 2.33 米）。元代《丽水县重修通济堰记》中提到"乾道乙丑郡守范公成大葺理荒废，

---

① 沈衣食 1992 年发表在《中国农史》上的《丽水通济堰刍议》中认为"方木叠石"结构浮力太大，造价昂贵，而"编桩土心坝"造价相对低廉，它是在坝址的迎水面和背水面各打几排桩，用圆木穿桩将其联结固定，再以柴木编成的长辫交错紧密地缠绕在迎水坝桩和背水坝桩上，组成上游挡水坝面和下游挡水坝面。这与古海塘中柴塘的做法相似，但通济堰史料中未曾记载相关制作工艺，无从考证其可能性。

② ［东汉］班固：《汉书·沟洫志》（卷二九），中华书局，1962 年，第 1688 页。

③ 武汉水利电力学院、水利水电科学研究院《中国水利史稿》编写组：《中国水利史稿》（上册），中国水利电力出版社，1979 年，第 235—237 页。

著规二十条颇精密，大抵采木筱，藉土砾截水，水善漏崩"，记载了开禧元年以前通济拦河坝的大致结构，从字面意思理解用"木筱""土砾"的方法与"水仓"垒叠筑坝的方法不约而同①。

　　这种以木筱制成的水仓，以垒叠筑坝的方式也运用在了通济堰灌区另一座水源工程——金沟堰上。金沟堰始建期不明，明代万历三十六年（公元 1608 年）丽水知县樊良枢重修时，"置水仓四十所，实以坚土，包以巨块，若层垒然"，可见樊良枢所修之堰，主要工程构件是"水仓"②。有关水仓制作方法的描述，见于清康熙三十二年（公元 1693 年）《刘郡侯重造通济堰石堤记》，其中提到"黎明至堰，先开斗门放水，又令人夫柁树，木匠造水仓，铁匠打锤擖，每源公正各备簟皮一条，放开水仓之内，人夫挑沙石填满"，即先制作木框，框内填上用竹篾编成的"簟皮"，再以砂砾石填充（图 3-4（b）），对水仓制作工艺作出了较为详细的介绍③。清代《通济堰规》中对水仓的制作材料和规格都有规定：单个水仓的长、宽大约为 1 尺（约 0.33 米）。水仓的高度未找到明确记载，参照《清会典事例》规定的竹笼的标准内径暂估为 60 厘米，按通济堰坝高 2 米估算，整座拦河坝至少需三层水仓，并以纵横叠砌的方式堆放，相互间以竹、麻制成的绳索捆绑固定④。这样的坝型结构对地基的要求低，一般不需要做其他地基处理，

① ［清］王庭芝编：《重修通济堰志》，侯荣川整理，收入《中国水利史典.太湖及东南卷》，中国水利水电出版社，2015，第 236-237 页。

② ［清］王庭芝编：《重修通济堰志》，侯荣川整理，收入《中国水利史典.太湖及东南卷》，中国水利水电出版社，2015，第 256 页。

③ ［清］王庭芝编：《重修通济堰志》，侯荣川整理，收入《中国水利史典.太湖及东南卷》，中国水利水电出版社，2015，第 260 页。

④谭徐明：《都江堰史》，中国水利水电出版社，2009，第 173 页。

回避了在基岩河床打深桩的问题。同时它的工糙率较大，消能效果好，具备一定的整体性，可抵抗较大流速水流的冲刷。南宋时，通济堰改为砌石结构，但水仓因造价低、取材方便，仍是灌区工程的主要构件，尤其用在渠道堤岸的修筑上。如清代同治年间就有记载"抑且造水仓以障高路"。"高路"指保定高路段古渠堤岸，因渠道蜿蜒又靠近大溪，汛期防洪压力较大，是主干渠上的险工段，是以用水仓固岸[①]。

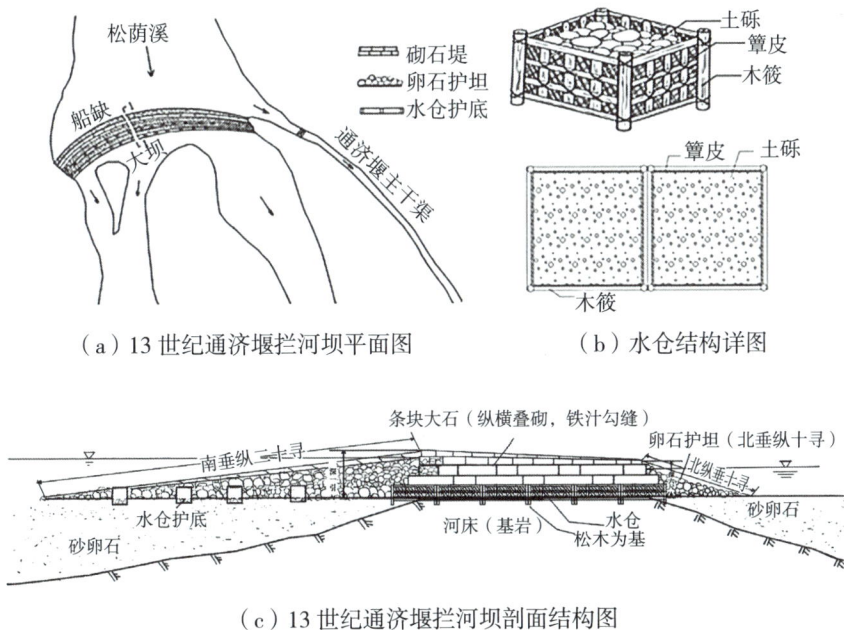

（a）13世纪通济堰拦河坝平面图　　（b）水仓结构详图

（c）13世纪通济堰拦河坝剖面结构图

图3-4　13世纪通济堰渠首拦河坝及其结构推想图

▲（根据《通济堰志》记载，在现代地形图的技术上绘制。13世纪以前拦河堰坝身全部采用木筏结构的水仓，上下游抛石护坦；13世纪何澹将材料改良，以松木制水仓筑成坝基，上甃条石，纵横累叠砌筑，并以铁汁灌缝）

①[清]王庭芝编：《重修通济堰志》，侯荣川整理，收入《中国水利史典．太湖及东南卷》，中国水利水电出版社，2015，第259页。

但相比于块石，以竹木、土砾为材料制作的"水仓"也有弊端。元人称其"善漏崩"而民"补苴岁惫甚"，可见水仓材质易腐烂，需要经常更换，加重了岁修负担 [1]。因此南宋参知政事何澹将渠首拦河坝改为砌石结构时，以松木代替竹筱制成新"水仓"以作坝基，具体如何操作宋代并无确切史料记载，但元代《重修通济堰记》提到至正三年（公元1343年）重修通济堰时是参照了南宋时的方法，具体如下：

> "须巨松为基，不可得。巨室乐效材，材用足，于是且健大木，运壮石，衡从次第压之，阔加旧为尺十饬。[2]"

"巨松为基"，即采用具有耐磨、防腐、抗弯的性能的大松木。当然，单铺一层巨木以为坝基并不能起到稳定作用，因而沈衣食先生推测的"编桩土心坝"有了可能性，大约是以柔韧性极好的松木制成联结的水仓，呈矩状摆放，作为坝基。坝身主体上铺条块大石，以丁顺间砌的方法垒叠，砌石勾缝中浇以铁汁来增强大坝的防渗性和整体性。至于边坡，明《丽水县重修通济堰记》描述为"堰南垂纵二十寻，深二引；堰北垂纵可十寻，深六尺许"，相较于单纯的木筱坝，以松木为基、上甃大石的重力坝既具有木筱坝的整体性和柔韧性，又比单纯木制结构更具稳定性和耐久性。正如元人描述"郡人枢密何公澹甃以石，迄百数十祀，未尝大坏"，这样的结构，减少了大修次数，省去许多人力、物力。尽管它的

---

① ［清］王庭芝编：《重修通济堰志》，侯荣川整理，收入《中国水利史典．太湖及东南卷》，中国水利水电出版社，2015，第236页。

② ［清］王庭芝编：《重修通济堰志》，侯荣川整理，收入《中国水利史典．太湖及东南卷》，中国水利水电出版社，2015，第236页。

承压力不如现代水工钢筋混凝土结构，但传统砌石结构的坝体在受到洪水冲击垮坝时，只是部分坍塌，而不像混凝土结构大坝那样整体性坍塌。

现存大坝是 1954 年改建，1995 年时重建的混凝土砌块石结构，比原坝增高 0.5 米，实高 2.5 米，长度增加 45 米，坦底宽 25 米。大坝防渗体采用钢筋砼面板，坝顶用厚 0.2 米砼封顶，为加强整体稳定性，坝顶高度改为上、下游等高，坝内主体部分以干砌块石为主，并在块石缝中填一些砂砾土加强材料的密实性，下游坡内以砂砾石填肚，坝外坡表面以干砌块石护面，干砌块石厚不少于 60 厘米，再以小骨料砼在块石表面灌缝，用量相当于 15 厘米砼，护坦总宽度为 34.4 米。为对基础部位进一步采取效能防冲工程措施，每隔 8.3 米做一干砌块石条坎，条坎上宽 1.2 米，下宽 1.5 米，护坦主体表面用干砌块石护面厚 0.5 米，内部为河床砂石填肚（图 3-5）。改建后提高蓄水位 40 厘米，最大流量达 12.3 立方米每秒，最枯流量 1.2 立方米每秒①。

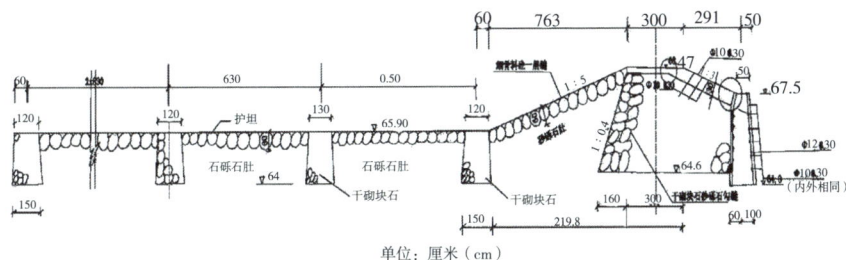

图 3-5　20 世纪 90 年代后通济堰修复断面图

（根据 1994 年通济堰修复断面图及工程设计说明书重绘）

① 通济堰大坝局部冲毁修复暨大坝整体加固设计说明书，莲都区水利局内部资料，1994。

纵观通济堰坝型演变史，无论从选址、规划或取材，都充分体现了"因地制宜、因势利导"的规划理念和技术特点。就建筑材料而言，工程分为木、石两大类，材料来自当地，可节省造价；就工程结构而言，南宋以前"大抵采木筱藉土砾"结构，南宋以后以砌石代替木筱，增加了工程的稳固性。各级渠系巧妙地利用地形、地势，或布置鱼嘴分水，或拦河低堰壅水，或设置闸坝控水。控水闸坝或平木分水，或加木分水，或置放平水石，既方便取材，又灵活多变，可适应不同时期的灌溉引水要求从而进行相应调整。在各工程运行的综合作用下，通济堰充分体现了对水文、水力学知识的运用。通济堰工程以简单实用的工程技术，便捷的取材通道，使其维修难度大大降低，从而在历代都能得到较好的维护，并因此发挥可持续性的灌溉效益。

第二节　渠系工程及其演变

通济堰灌区的支、毛渠共计 321 条，总长 121 千米。支渠多为干砌块石护岸，渠道穿过村庄，岸边设埠头，方便村民用水。部分渠道除输水功能外，还有蓄滞洪水、调节水量的功能。在石函建成前，13 世纪时，通济堰灌区干支渠体系已然形成，灌区基本涵盖碧湖平原。到了 16 世纪，灌区主要干支渠已从原来的"四十八派"增加到了"三百余派"，灌区内人口增减、耕地开发、村落合并与调整都是渠系分布变化的影响因素。

一、灌区发展与渠系的完善（两宋）

北宋关景晖在《丽水县通济堰詹南二司马庙记》对当时通济

堰灌区的渠系分布是这样描述的：

> "障松阳、遂昌二溪之水，引入圳渠，分为四十八派，析流畎浍，注溉民田二千顷。又以余水潴而为湖，以备溪水之不至。[①]"

即通济堰引松阴溪、大溪之水，入灌区后支分"四十八派"，支渠与灌区内大小湖塘相连，形成长藤结瓜的水系，灌溉各村民田。具体形貌可见南宋绍兴八年（公元1138年）丽水县丞赵学老绘制的《丽西通济堰图》。这是通济堰史上首张灌区全貌示意图，图上标明湖、塘、概、竹枝状干渠、支渠、毛渠以及石函、叶穴、斗门、沿途村庄等。可以看出，彼时渠首拦河坝、引水口、石函、叶穴、干支渠系及其配套工程都一应俱全，从开拓概开始水分中、南、北三枝，旁通枝节，通过概闸的控制层层分水。灌区内还分布着众多湖塘，这些湖塘与支渠相通，连接处通常上分有大小堰闸，它们在灌区的各级渠系的各个关键节点各自承担着分水、节制、退水等不同的功能。这幅图生动呈现了12世纪通济堰灌区渠系分布情况。据清代《通济堰志》编纂者、碧湖乡绅沈国琛记载，绘制灌区图的这位赵学老曾任山东汶上知县，有野史传为南宋尚书赵野之子，未得正史所证。但赵学老任丽水县丞时所绘的《丽西通济堰图》有图拓为证，同刻一碑的还有当时的丽水县尉姚希制定的《通济堰规》[②]。后该碑在战乱中损毁，洪武三年（公元1370

---

① [清]王庭芝编：《重修通济堰志》，侯荣川整理，收入《中国水利史典.太湖及东南卷》，中国水利水电出版社，2015，第233页。

② [清]王庭芝编：《重修通济堰志》，侯荣川整理，收入《中国水利史典.太湖及东南卷》，中国水利水电出版社，2015，第233页。

年）重修通济堰时，时人根据图拓重绘了这张渠系图，并刊刻于元至顺二年叶现《重修通济堰记》碑阴。此碑现存于堰首龙王庙中，高194厘米，宽86厘米，厚14厘米，红砂岩质。除此之外，同治九年（公元1870年）沈国琛的《通济堰志》中，保留了宋代图拓《丽西通济堰图》。

明洪武三年（公元1370年）和清同治九年（公元1870年）的两版通济堰图（以下分别简称为"明图"及"清图"）是研究12世纪通济堰灌区工程的重要依据（图3-6）。然而这两版古图注重示意，其中并没有南北方位、水流方向等标识，湖名、渠名、概名也或有涣漫不清或模棱两可处，比如：①清图堰首拦河坝与石函位于同一纬度，引水口在上游较远方位；而明图中的拦河坝、引水口、石函三者的相对位置与今天相差不远；②清图中标注了乌石概与湖鼎概，明图中未标注，而明图中的米湖、张塘在清图

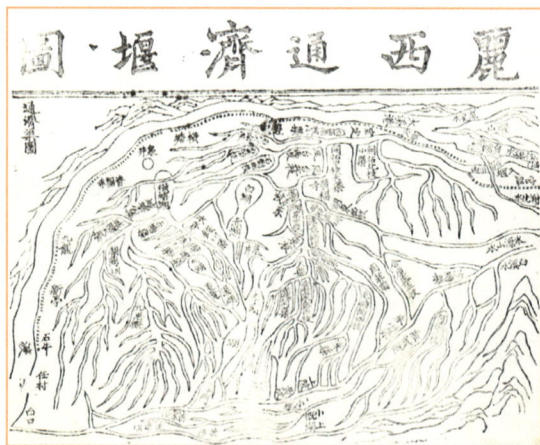

（a）明洪武三年（1370年）重刊
南宋《丽西通济堰图》碑拓

（b）清同治九年（1870年）《通济堰志》之南宋《丽西通济堰图》附图

图3-6　明、清二版《丽西通济堰图》

中变成了赤湖、张圳；③明图开拓概南北小支流向相差不大且南、北二支几近齐平，而在清图中北支明显偏南；④明、清二图中通济堰渠在白口并没有出水口，通济大渠渠水入白溪口有三：一经康舍二支入白溪；一经陈章塘下翁家概渠、毛塘概渠入白溪；一经李湖入白溪，而城塘概以下渠水未标注出水口；⑤两图中城塘小渠（概）灌溉九龙村一带，但《通济堰规》中将九龙村归为下源灌区，属城塘大渠（概）的灌溉范围，与图中情形相矛盾。

　　明、清二图都是以宋图为底本，其中出入缘由需要在对通济堰渠系工程演变研究的基础上作进一步分析判断。通过对当代灌区水系的调查，我们发现灌区至今依然保留了一部分古概名、古地名，其大致走向也与明、清图中所绘相似。将灌区现代地形图、水系图中的渠名、概名、地名对应位置与明、清二图进行对比，可对当时灌区干支渠走向与灌溉范围作大致推测：通济堰自堰头村引水入渠后，过保定村，至开拓概分中、南、北三大支。南支灌碧湖、横塘。北支向西延伸到今天的岩头村、金村一带，其间有一小支在前林村分成若干支、毛渠，一支分水南下与中支分水交汇。开拓概中支大渠是通济堰的主干渠，中支以下有凤台南、北二支，凤台北支以下支岔众多，有湖东、陈章塘、乌石、莲荷、翁宗等支渠，灌溉碧湖平原西部中源内的农田。其中陈章塘概又是平原西北灌溉水源分配的控制节点，下分东、中、西三支，中支又分翁宗、莲荷二渠，大致位于今天里河村与大陈村之间，两支分别汇入李湖和白溪，灌溉沿途耕地。凤台南支以下有石刺中、南、北三支，南支途经今天的上赵村、黄田本村至资福村；中支经横塘湖至城塘概，北支与湖东东支相会后，一支经白湖、米湖（清图中为赤湖），最后出李湖，入白溪；一支由竹笕输送至朱圳渠、

叶锁渠、钱圳渠,最后由钱圳渠入汤湖,汤湖又与李湖相连。古图中的朱圳、叶锁、钱圳三渠今已不存。没有明确的资料可以查证这些渠是什么时期形成与消失的,但清代《三源大概规条石刻》中记载了对城塘概东、中、西三支渠的分水规定,而明、清两图中只有城塘大渠、小渠两支,说明至迟在清代,城塘概周围的渠系工程已发生变化,这一地带相当于今天的白河村、上黄村、上地村所在之处。如今这些渠道上尚存若干小闸,其中在周村东有座名为"朱坝"的木闸与图中朱圳渠的位置相似,但汤湖、何湖都已消失,而白湖、李湖也比图中范围缩小许多①。横塘湖以南是城塘概,经城塘概后主干渠分为城塘大渠和城塘小渠。城塘小渠灌九龙村以东地带,而大渠又分出二支,一支经九思概灌九龙村以西之田,一支经湖鼎概灌泉庄村、赵村一带,主支南下灌新亭、石牛、任村、白口等村。

此外,两版《丽西通济堰图》中都绘有白溪、岑溪,它们与通济堰的支渠相连,根据光绪《处州府志》的描述可知二者都是通济堰的水源:

> "通济渠水,其源有三:一在县西五十里,自十七都宝(保)定庄引松阳大溪水入渠,历十二、十五、十、十一、九、五凡七都,是为大渠;一在县西四十里,源出白溪,历十三、十二、九、五凡四都,至白口合大渠水,是为白溪渠;一在县西四十里,源出岑溪,自十四都历九都,合白溪水是为金沟渠。②"

---

① [清]王庭芝编:《重修通济堰志》,侯荣川整理,收入《中国水利史典.太湖及东南卷》,中国水利水电出版社,2015,第267页。

② [清]张铣:《丽水县志》(卷三),清道光二十六年刻本,第132页。

　　岑溪源出于县西五十里高畲山之岑峰，明代樊良枢《丽水县修金沟堰记》描述"有金沟圳，距大圳（通济堰）五里许，溯其源，从松之诸山溢出，逾十八盘，泻辰坑，注白口，与大溪水会，约可溉田二百余顷"[1]，碧湖平原五都、九都、十四都、十五都农田大多依靠岑溪水灌溉。在明、清二图中，岑溪自西南向东北与湖东西支相交后北下，分为舍康渠二支，一支纳通济渠西支古圳水后折向东北流汇入白溪。白溪，《民国丽水县志》称"在县西四十里，源出高畲山，至白河庄凿渠受之，即《汇纪》所谓司马堰也。其下有沙堰、朱堰、上陂、黄陂、张堰、陈家堰诸目，通济渠东北诸田咸资于此。[2]"沙堰、朱堰、张堰，即明图中的沙圳、朱圳和张圳，到了清代改名为沙塘、张塘。通济堰陈章塘西支水经周庄前汇入朱圳渠，而毛塘街四支、陈渠之水又通过上陂、黄陂、张塘的调节排入白溪。另灌区内李湖的水最终也汇入白溪，其上设有两座斗门。因此，岑溪、白溪既承担着为通济堰的补充水源的功能，又承担着蓄纳通济堰支渠水的排涝功能。

　　值得一提的是，传统水利地图形式多样，但缺少比例尺，示意成分浓厚，难免有所出入，通过古今对比可对一些出入情况佐以解释：

　　①有关明、清二图中通济堰拦河坝与引水口位置出入问题：由于拦河坝有壅高上游水位，以控制灌区引水量的作用，而石函的作用是为引渡对主干渠有干扰的泉坑水，避免暴雨季节山洪冲

---

　　①［清］王庭芝编：《重修通济堰志》，侯荣川整理，收入《中国水利史典·太湖及东南卷》，中国水利水电出版社，2015，第256页。

　　②［民国］孙寿之：《民国丽水县志》，收入《中国地方志集成·浙江府县志辑》第63册，上海书店，2011，第221页。

垮渠道。然而清图中，拦河坝与泉坑出大溪口位于同一高度，如是将造成溪水倒灌而带来工程隐患，所以清图所绘位置并不准确，明图较为真实。

②清图中的乌石概、鼎湖概明已有之，而明图中没有标注出来。但明万历三十六年（公元 1608 年）丽水知县樊良枢制定的《通济堰规》提到过：

> "由开拓中概而下有凤台概，分为南北二概，不用游枋、揭吊，但平木分水，留霪而下，又北概分陈章塘、乌石、莲河、黄武、张塘等概。南概分石刺、城塘、九思等概，皆用游枋，次第揭吊，不揭游枋，灌中源凡三昼夜而足。①"

从堰规内容可知，至迟在 17 世纪初，灌区就有乌石概、鼎湖概这两座渠系工程，用以控制陈章塘概西南和九龙以北至塘里一带用水分配了。

③有关明、清二图中开拓概南北二支位置出入问题：对开拓概南、北二支的定位，明图中，开拓概南、北二支几乎平行，而清图北支与中支相距较远，南支却与凤台南支平行。今天通济堰灌区，开拓概有东、中、西三支，均位于同一纬线上，与凤台概距离尚有半里。概名、渠名自古沿袭未变，干支渠分水节点也不应相差太多。如按清图所绘，南支与凤台概距离太近则不便于分水管理，因而明图所绘，应较清图所绘更有可能性。

④关于明、清两版宋图中所绘通济渠的出水口问题：清代地方志明确记载了白溪水在白口合大渠（即通济堰主干渠），那么

---

① ［清］王庭芝编：《重修通济堰志》，侯荣川整理，收入《中国水利史典·太湖及东南卷》，中国水利水电出版社，2015，第 248 页。

通济堰干渠在白口必有与白溪相汇的节点。但明、清二图中，通济堰主干渠在白口并无出口，与史料记载和现实情况均不符合，因此在修正时应将干渠延伸至白溪，白溪渠、岑溪金沟渠、通济渠三水合流，汇入大溪。

⑤关于城塘小渠灌溉范围的问题：明图中城塘渠分城塘大渠、小渠，并分别标有"＝"以示渠上有堰、概工程。南宋范成大《堰规》中对中、下源的分水期没有明确区分，因此没有讲到城塘概具体分水问题，而到明代《堰规》中就已明确指出"城塘概"是中、下源的分水节点。灌中源时，闭城塘概，渠水顺旁支可灌溉九龙村一带，而明代的九龙村却位于下源，与图中所指范围不符。但清代的《三源大概规条石刻》却给出了一条不同的线索，文中说：

> "城塘概……不轮水期之时，均不上枋。至五月初一日轮流，始有启闭。每逢第十日戌刻，准将中支闭枋，以蓄余水。逢第三日戌刻，再加游枋，使水注东西。逢第六日戌刻，则揭中支二枋，闭东、西枋木，以济下源。其概首及车水定规，与上同。①"

可见至少在同治年间时，城塘概已非古制。彼时城塘概以下分东、中、西三支，其中中支为中、下源分水的控制节点，共二枋，闭中支时，东、西二支灌中源，开中支时，东、西二支无水，水从中支过，灌下源。明图中虽没有城塘概中支二枋与东、西二支之说，但从城塘小渠的灌溉范围来说应同属清代中支的灌溉范围，那么只有一种可能性，即清代城塘中支二枋是从古制的城塘大概、

---

① ［清］王庭芝编：《重修通济堰志》，侯荣川整理，收入《中国水利史典.太湖及东南卷》，中国水利水电出版社，2015，第269页。

城塘小概演变而来，那么位于下源的九龙村也正好属于城塘概中支的灌溉范围。

根据以上分析，故本文以宋图为底本，明图为参考，对错误较多，但目前使用较广、图面较为清晰的清版《丽西通济堰图》加以修正，并据此绘制了《宋代通济堰渠系图》《19 世纪通济堰渠系概化图》（图 3-7）。为方便查看与理解，在图中添加了水流方向与南北坐标，并且纠正了拦河坝、开拓概南、北二支渠相对位置的错误；将城塘大渠在白口处开出水口与白溪相连；此外，由于史料并无关于石刺中支过横塘湖的渡槽记载，因此将之与石刺中支分离。

二、基于灌区发展的渠系调整（明清）

宋以后，元代有关通济堰渠系工程演变的资料鲜见，几次整体大修都是在遵循旧制的基础上进行的。有明一代，因政府在堰务管理中的参与度加强，出现了对工程较为详细的官方记载，尤其是万历年间的文献，是研究宋以来通济堰渠系工程演变的重要线索。

明代通济堰经历了 10 次大修，最终灌区面积固定在 4 乡 11 都 2000 顷（约 3 万亩）。何镗将通济堰描述为"支分东北，下暨南北，股引可三百余派，为七十二概，统之为上、中、下三源。余波溉于田亩者，可二千余顷，盖四十里而羡"[①]。随着灌区村落农耕的发展，支渠及以下毛渠、田间渠系大量增加，万历年间统计共有干、支渠上大小概闸 72 座，大型湖塘逾 18 座（表 3-3）。

---

①［清］王庭芝编：《重修通济堰志》，侯荣川整理，收入《中国水利史典.太湖及东南卷》，中国水利水电出版社，2015，第 239 页。

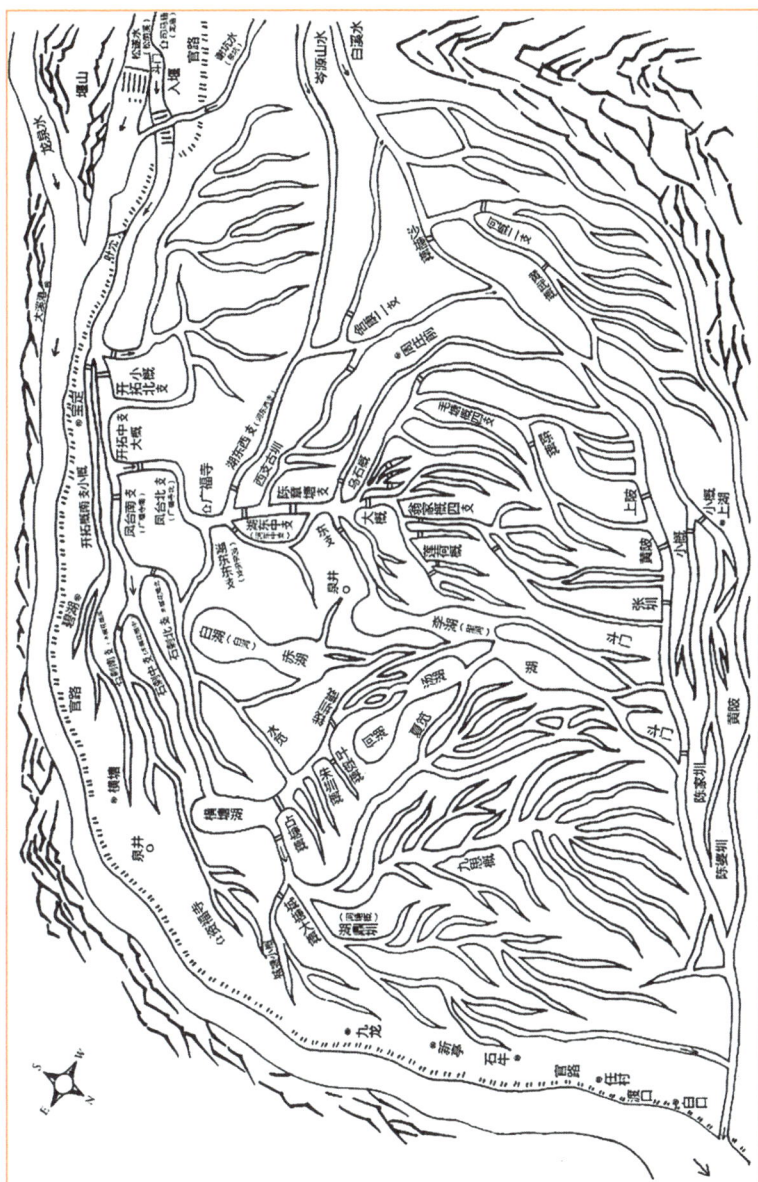

图 3-7a　宋代通济堰渠系图

（根据清代同治九年（公元 1870 年）《通济堰志》（卷二）《丽西通济堰图》，结合作者分析对文字有出入处进行过改绘）

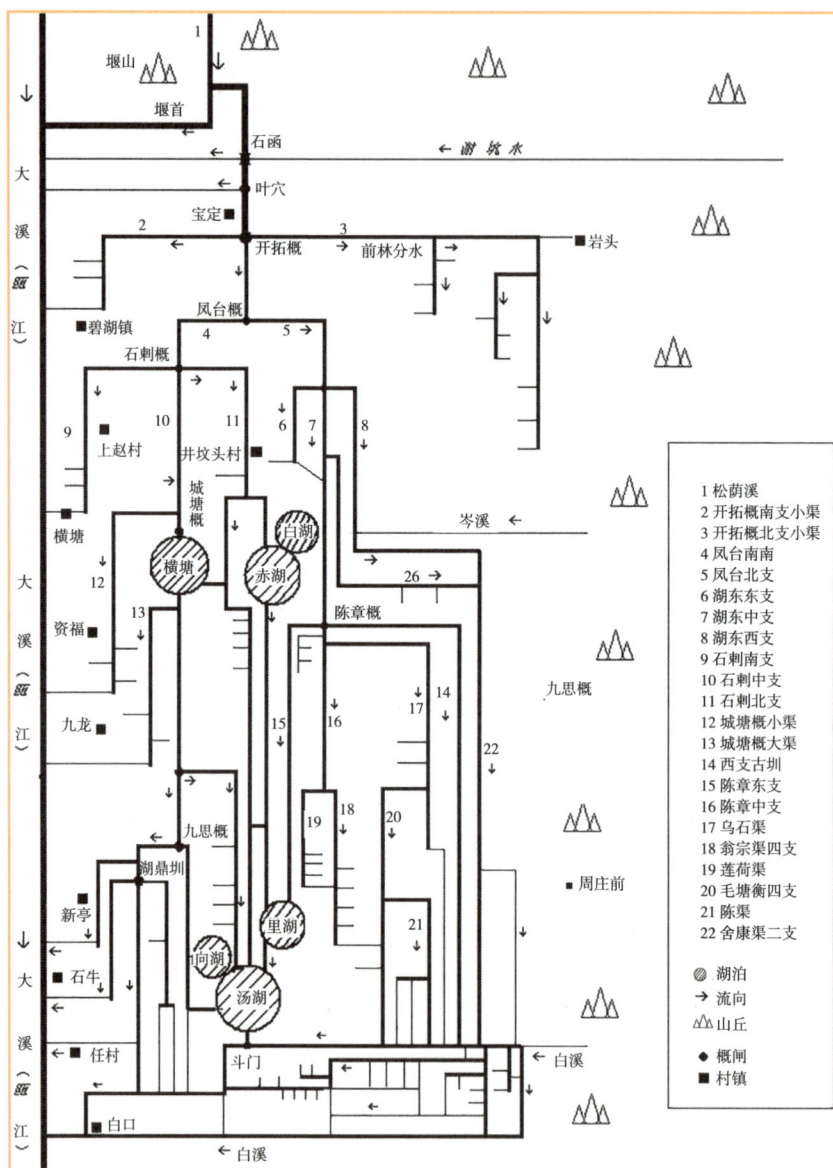

图 3-7b　19 世纪通济堰渠系概化图

（根据同治九年（1870 年）《丽西通济堰图》绘制）

这些众多支渠和湖塘，为灌区水资源调动提供了更大的空间。明代配水制度沿袭了宋代的三源轮灌制，主干渠上的开拓概、凤台概、石剌概、城塘概和陈章塘概是轮灌制度的重要控制节点。然而随着灌区用水需求时空变化，按宋制实行轮灌已不合时宜。为重建灌区水利秩序，政府主持对工程结构、尺寸和配水方式进行过多次修改。因此，要研究明代灌区渠系演变情况，需要从主干渠上各大概闸与轮水方式演变入手。

表 3-3　　　　　　　　明代通济堰灌区湖塘统计表

类型	名称	总数	资料来源
湖	白湖、赤湖、汤湖、李湖、横塘湖、何湖等	6 座	光绪《处州府志》
塘	官塘、山塘、潘塘、许塘、便民塘、洪塘、驮塘、金川塘、五池塘、樟树塘、系齐塘、车斗塘	12 座	同治《通济堰志》

明万历三十六年（公元 1608 年）丽水知县樊良枢在《丽水县文移》中对当时通济堰渠系工程情况有较为周详的描述：

"（通济堰）入渠五里而支分，则有开拓概之名。由开拓概而下，则有凤台概、石剌概、城塘概、陈章塘概、九思概之名。开拓概始分三支，中支最大，是为上源。中源而十五都、十附都、十正都、十一都、十二都之水利坐焉。又接为下源，而五都、六都、七都、九都之水利坐焉。南支、北支稍狭，是皆为上源。而十四都、十五都、十七都之水利坐焉。其造概也，有广狭高下，木石启闭之，各殊其用；其分概也，有平木、加木，或揭或不揭之，各得其宜；其放水也，有中支三昼夜，南北支亦三昼夜之限，轮揭有序，潴注有时，三源各享其利而不

争，三时各安其业而不乱。此法之最良，备载堰规者也。惟修葺不时，而古制遂湮。①"

从文中可知明代依旧沿袭了南宋范成大制定的轮水制度，这套堰规成为了后世维系通济堰工程有效运行的准则。然而到樊良枢任处州知府时，距离范成大颁布堰规已相隔 440 余年，灌区各村的耕地、人口都有所增长，田间沟渠也更为密集，相应的各源、各村间的用水需求也发生了变化。其间，为争夺用水，各概闸尺寸也有过调整，但因分配不均，中、下源间常有用水纠纷，甚至因此发生械斗。在这种情况下，樊良枢提出对通济堰灌区渠系工程按照"修概用木分寸，用石高低，听提督官遵古制较量"的原则，进行全面整修，此次调整的工程主要有三：①将主干渠上开拓概南小支由原来的一丈七尺五寸减少为一丈，而干渠上其余概闸依旧恢复到古制；②在近堰地势较高处相其地势，从源导流，立为平准，令各田户自浚其渠；③重修金沟堰，引岑溪水灌十二都、十四都、十五都之田②。

除此之外，樊良枢还针对局部地区配水不均现象调整了轮水制度。明代中、下源村落规模逐步扩大，尤其是下源的九龙村、石牛村，在宋代仅是小村落，到明代时已高度发展，用水需求量也大大增加，常有"下源苦不得水"的情况。因此，樊良枢尝试

---

① ［清］王庭芝编：《重修通济堰》，侯荣川整理，收入《中国水利史典·太湖及东南卷》，中国水利水电出版社，2015，第 245 页。
② ［清］王庭芝编：《重修通济堰志》，侯荣川整理，收入《中国水利史典·太湖及东南卷》，中国水利水电出版社，2015，第 245 页。

将轮水日调整为"上源三日——中源三日——下源四日"^①。然而，因引水总量有限，下源用水问题始终未能找到有效的解决方法，只能通过乡规民约的约束力来强制性避免用水纠纷，故而樊良枢在新规中强调"卒不得其权变之术，乃循序放水，约为定期，以示大信，如其旱也，听命于天，虽死勿争"。限于当时技术条件，这也是不得已的权衡之法。

明末清初，处州地区的人口已由宋代的 68 万增加到了 86 万，人口大多集中在平原地带，自然也包括碧湖平原。因此，清代灌区工程与轮水制度的调整依然围绕用水分配问题来展开^②。

清代时，通济堰主干渠南、北支已改称作东、西支。古代地图多以都城方向为正，宋代都城在北，依都城方向为参照将主干渠两旁分支称作南、北支，后世以碧湖平原南北走向为参照，把灌溉平原东部的分支称作东支，西支同理。故开拓概南北支与东西支实则异名同指，凤台概南北支、东西支亦然。需要区分的是如今的开拓概东、西支又与清代开拓概东、西支不同。依清代上源范围推测，当时开拓概东支水归三峰庄，五里牌头左旁有小堰二支，一分水于汤村止，一分水于采桑止，二支上并没有设节制闸。然而采桑、汤村等地地势低落，农田稀少，易发生"田少则受水不多，地卑则放水易"的情况。因此清代同治年间大修时，在二支分水的堰口处添设了两座节制闸（图3-8），"兹于圳口增设小概木闸，着令二村公正专管，如天中灌溉有余，即行闭闸，以示限制，使

① ［清］王庭芝编：《重修通济堰志》，侯荣川整理，收入《中国水利史典·太湖及东南卷》，中国水利水电出版社，2015，第 254 页。

② 见上节，宋时开拓南概阔一丈一尺，明一丈，清一丈一尺；而宋时开拓北概阔一丈二尺八寸，明沿袭，清仅一丈一尺，表明宋、明、清三代开拓概南、北二支概宽皆有变动，其引水量也会因此有所改变。

图 3-8　开拓概东支汤村、采桑分水节制闸

（根据清代同治年间知府清安的《三源大概规条刻》绘制）

水不致泄为无用"[1]。

　　为了进一步调整上、中、下水量分配不公的局面，维持正常的水利秩序，清代管理者也有过多次尝试。同治年间灌区公正叶春标"将（开拓概）南北二支与中支齐，故北支有偷水，中、下二源之讼"。因此，处州知府清安"将中支放低一尺，加平水木一根，每年三月初一日，大斗门上闸后，即闭平水木，俾南、北、中三支平流，无畸多畸少不均之患"[2]。

　　修整后的开拓概，中支较南、北二支低一尺，每年三月初一开始大斗门上闸引水入渠。开春后松阴溪正值丰水期，灌区可供

---

①〔清〕王庭芝编：《重修通济堰志》，侯荣川整理，收入《中国水利史典·太湖及东南卷》，中国水利水电出版社，2015，第 269 页。

②〔清〕王庭芝编：《重修通济堰志》，侯荣川整理，收入《中国水利史典·太湖及东南卷》，中国水利水电出版社，2015，第 269 页。

水量较为稳定，所以三月一日到四月底期间，只需开拓概中支放一尺高平水木，使三支渠底高程齐平，下游各闸依开拓概例则启闭闸门，则上、中、下三源都能得水灌溉。农历五月起禾苗进入生长期需水量倍增，初一戌时至初三戌时先灌上源，此时开拓概"于先一日戌刻，中支再加木一根，至第三日戌刻，上源已灌足三昼夜"。当中支下枋木拦水时，南、北二支灰石枋开启，北支灌溉干渠以西岩头村、金村一带，南支灌溉干渠以东的汤村、三峰村、采桑村一带。初四戌时至初六戌时，轮灌中源，此时开拓概中支"即将中支加木并平水木一齐揭起，仍将南北二概闸上"，水顺中支而下至凤台概。

凤台概东、西二支（古称"南、北"二支）古制不用游枋揭吊，而用平木分水，到了同治时期古制已变。清安《三源车水条例》中称：

> "至凤台概东支堰直，水势较急，西支堰曲，水势较缓。兹于西支另设木枋五寸，以示限制，使水不得多放，而东支水势得以畅达。[1]"

其意为东、西支原本持平，而为防止堰直流急渠水多放而另设木枋五寸。经实地考证现在的东支纵坡比降在1‰，而西支只有0.5‰，与文中所说的"东支堰直，水势较急，西支堰曲，水势较缓"情况相同。通常情况下，在水流较急的渠道放置平水木可缓冲水势，使水不至于下泄过快，而文中所述于西支设木枋五寸限制水势，只会使东支水下泄更快而致西支无水，故不合常理，疑为笔误。

---

[1] ［清］王庭芝编：《重修通济堰志》，侯荣川整理，收入《中国水利史典·太湖及东南卷》，中国水利水电出版社，2015，第268页。

凤台东支而下 400 米为石刺概，清代石刺概采用平水石加游枋结构，并与下游城塘概相配合，根据不同时期中、下源的分水需求调控水量分配：

"石刺概平水石较东、西支低五寸，下概枋之处又低五寸。今用尺厚游枋一根，自三月初一日即下概枋，除去平水石五寸，尚高出石外四寸，俾水适与东、西支平流，轮值下源水期。即行揭起，灌毕，四日仍行盖上。其概首及车水定规，与开拓概同。

城塘概缘岁久失修，古制已改。去冬堰董纪宗瑶修理中支，高于东、西二支一尺有余，以致下源受水不均。今饬董事叶瑞荣、林永年等重砌，放低一尺九寸，东、西支各用平水石与中支适平。不轮水期之时，均不上枋。至五月初一日轮流，始有启闭。每逢第十日戌刻，准将中支闭枋，以蓄余水，逢第三日戌刻，再加游枋，使水注东西。逢第六日戌刻，则揭中支二枋，闭东、西枋木，以济下源。其概首及车水定规，与上同。"[1]

值得注意的是清代城塘概的变动。从明、清两版通济堰灌区图来看宋代城塘概只有城塘大渠和城塘小渠，而在城塘大渠以西有占塘、朱圳、叶锁、钱圳等渠，到清代时大渠以西称为城塘概西支，原来的大渠、小渠改称为城塘概中支、东支。灌中源时，石刺概、城塘概中支下概枋拦水，使水至城塘概后不再流向下源，而石刺东、中、西三支水平流，沿途中源各庄可均平受水；灌下源时，石刺概东西支、城塘概中支均揭起，而城塘概东、西二支下闸，可灌溉下源二十庄。城塘概中支下又有九思、湖塘二概，湖塘概

---

[1] ［清］王庭芝编：《重修通济堰志》，侯荣川整理，收入《中国水利史典·太湖及东南卷》，中国水利水电出版社，2015，第 269 页。

即宋代所称"鼎湖概",两概上都设有平水石,负责控制九龙村、唐里村、泉庄一带的农田。

从明清两代灌区的演变特点看,虽然灌区总面积没有大幅度变化,基本恒定在 3 万亩左右,但随着灌区内部上、中、下三源的耕地分布的调整,灌区渠系工程演变呈现出两方面的特征:一方面受南宋旧规的影响,所有改造致力于恢复古制中合理的部分;另一方面因现实情况的变化,不得不对周边环境变动较大的渠系工程进行改造,或合并,或分支。历史上大多水利灌区工程的演变都以用水户利益均衡分配为出发点,通济堰灌区内各源用水户的用水权利与义务也是对等的,因而当对各源用水户的用水权进行再分配时会对他们各自义务的履行方式也进行再分配,比如岁修时各源的出工数与用水量即成正相关。反之,根据各源摊派工役税费的变化也可推理出不同时期三源范围的变化,并运用当代灌区的渠系图与上述明、清渠系工程的变化图,也可找到两者之间的演变关系和规律。

下表 3-4 到 3-7 反映了明、清两代通济堰大修时三源民夫出工数情况。明万历年间上源含 2 都 20 庄,到了乾隆时期原十五都吴村归入十六都,而原十五都前炉村被碧湖下保村所取代。这一时期尚处上源的碧湖三保到了同治时期就属于中源轮水范围了,而十五都除下汤村外尽归中源。两百多年的时间里上源范围从 20 庄减少到 14 庄,中源从 17 庄增加到 24 庄,新增村落除碧湖上保中保外还有上埠、下埠和柳里等。光绪年间中源范围进一步扩大,共有 27 庄,其中新增后店、里河、黄田本、瓦窑埠 4 村。明代下源共 16 庄,最北不过章庄、季村、蒲塘,但到清代乾隆年间蒲塘以北、以西的郎奇、黄山、土地窑 3 庄也被纳入下源范围,这些村子受地势影响无法自流灌溉，需要通过从蒲塘架设石笕引水。之后，同治到光绪年间，下源九都又新增纪店、叶村、下陈、朱村4庄，都在白溪（今大约新治河）以北一带。随着灌区范围的扩大，白溪以北山麓地带的村庄也成为通济堰灌溉系统的一部分。

表3-4　　　　　　　　　明万历年间灌区三源范围表

三源	乡都	村庄	数/庄	总数/庄
上源	十五都	三峰、采桑、下汤、吴村、河口、上保、中保、前炉	8	20
	十七都	宝定、义埠、周项、下梁、概头、杨店、新溪、汤村、前林、岩头、金村、魏村	12	
中源	十都	资福、上地、上黄	3	17
	十一都	横塘、赵村、上各、下河、新坑、巷口	6	
	十二都	河东、周村、下概头、白河、章塘、大陈	6	
	十五都	下保、霞冈	2	
下源	五都	赵村、石牛、任村、白口	4	16
	七都	新亭	1	
	九都	纪保、中叶、周保、刘保、下叶、泉庄、唐里、季村、章庄、蒲塘	10	
	十都	里河	1	

表3-5　　　　　　　　　清乾隆年间灌区三源范围表

三源	乡都	村庄	数/庄	总数/庄
上源	十五都	采桑、下汤、三峰、碧湖上保、碧湖中保、碧湖下保、霞冈	7	20
	十六都	吴村	1	
	十七都	宝定、杨店、汤村、概头、箬溪口、下梁、新溪、周项、义埠、岩头、金村、魏村	12	

三源	乡都	村庄	数/庄	总数/庄
中源	六都	峰山	1	19
	九都	朱村	1	
	十都	上黄、上地、资福、西黄、里河、后店、张河	7	
	十一都	下河、上各、横塘、赵村	4	
	十二都	大陈、章塘、白河、周村、河东、下概头	6	
下源	六都	白桥、郎奇、黄山、土地窑	4	16
	九都	塘里、下陈、纪店、章庄、蒲塘、泉庄、九龙(含纪保、周保、叶堡、刘步、下叶)、叶村	12	

表3-6　　　　　　　清同治年间三源灌区范围表

三源	乡都	村庄	总数/庄	总数/庄
上源	十五都	下汤	1	14
	十六都	吴村	1	
	十七都	宝定、义埠、周项、下梁、上概头、杨店、新溪、上汤(汤村)、前林、岩头、金村、魏村	12	
中源	十都	资福、黄口、上黄、上地	4	24
	十一都	下河、上各、横塘、赵村、下埠(步)	5	
	十二都	大陈、章塘、白河、周村、河东、下概头	6	
	十五都	采桑、河口、碧湖上保、碧湖中保、碧湖下保、霞冈、上埠、柳里、新坑	9	
下源	五都	石牛、白口、任村、下赵	4	17
	七都	吴圩、新亭	2	
	九都	唐(塘)里、下季、章庄、蒲塘、泉庄、里河、九龙(含纪保、周保、中叶、下叶、刘埠)	11	

表3-7   清光绪年间灌区三源范围表

三源	乡都	村庄	数/庄	总数/庄
上源	十五都	山（三）峰、下汤	2	16
	十六都	吴村	1	
	十七都	宝定、义埠、周巷（项）、下梁、上概头、杨店、新溪、汤村（上汤）、前林、箸溪口、岩头、金村、魏村	13	
中源	十都	资福、西黄、上黄、后店、上地、李湖（里河）	6	27
	十一都	下河、上阁（各）、横塘、上赵、下埠（步）	5	
	十二都	大陈、章塘、白湖（河）、周村、河东、（下）概头	6	
	十五都	采桑、河口、霞冈、新坑、黄田本、柳里、碧湖上保、碧湖中保、碧湖下保、瓦窑埠	10	
下源	五都	石牛、白口、任村、下赵	4	20
	七都	吴圩、新亭	2	
	九都	塘里、下陈、纪店、下季、朱村、章庄、蒲塘、泉庄、九龙（含纪保、周保、叶堡、刘埠、下叶）、叶村	14	

在上述各表中，我们发现各源中，明清时期里河村所属源变动最为频繁：明万历时期十都的里河归属下源，而到清乾隆年间它又成为中源的轮灌范围，同治以后，里河被移至九都，再次分到下源轮灌范围，到了光绪年，里河又回到中源范围内。究其原因，这和城塘概的控制范围变化有关。城塘概作为中、下源分水的关键性节制工程，在清代已由旧规中的大、小二支分为东、中、西

三支。从现代灌区渠系图与南宋灌区渠系图的对比来看，城塘渠上游有一横塘湖，是中、下源间一座重要的水源调蓄工程，横塘湖北口有一条支渠名钱圳渠，上设钱圳概，是为连接李湖（今里河，面积有缩小）的一条重要支渠，也是中、下源分水的重要节点。其西北原有米湖、钱圳渠、占塘、叶锁等沟渠湖泊，今已不在。原本渠湖相连的大型湖塘，如何湖、汤湖、李湖、白湖、横塘湖，今虽存名，面积却缩小很多，如今横塘湖已缩成一方2.7亩的小塘。朱圳概疑为今天的朱坝，是城塘西支上的一座分水节制闸。依照里河村历史上的几次变动与今天的情形来看，由东至西，横塘、白河、里河一带水系环境在历史时期变化较大，原本大型的蓄水湖塘在村镇发展中逐渐被填埋、割裂，因而湖塘上的节制工程和对应渠系也有所改变。不同时期的调整情况决定了里河村的用水来源和轮水时间。最终在清末，城塘概西支成为里河村的重要水源。而这些变化，也可清楚表明灌区内部大小村庄的合并与新生以及与灌区渠系工程的演变的重要关系。

古堰灌区作为一种人居环境单元，在以农业为基础的传统生产模式的背景下，其人口承载力与干渠长度、支渠密度和农田分布密切相关。宋代支渠尚分四十八派，而随着明代碧湖平原的发展，已有"三百余派、七十二概"之说[1]。清代总体沿袭了明代的格局，但局部范围特别是中下源一带的渠系工程变化较大：①原开拓概南支灌溉范围包括采桑、上汤、碧湖三保，到19世纪时三者已逐步纳入中源范围。说明开拓概南支至迟在19世纪已演变为两支，一支名为东支，至三峰庄五里牌头止，属上源；一支自开拓概中

---

① ［清］王庭芝编：《重修通济堰志》，侯荣川整理，收入《中国水利史典．太湖及东南卷》，中国水利水电出版社，2015，第257页。

支引水，分至采桑、上汤和碧湖，属中源；②随着村落、人口的发展，耕地需求增长，许多大型湖塘在这一时期内分化、缩小为若干个小型陂塘，横塘湖、米湖、汤湖、何湖、李湖以及其间相应渠系的调整、分化，逐渐有了今天城塘概西支灌区范围的雏形。随着向平原西北地区的进一步开垦耕地，渠系工程也向西北山麓地带拓展延伸。③明清时期碧湖平原西南部、西部一带村庄，如十四都沙岸、兰山、高溪、岑口等村虽属通济堰灌区，但因其依靠白溪渠、金沟渠引水灌溉，管理上并未纳入三源之内。

三、现代灌区与渠系

清末及民国时期，由于社会动荡，灌区疏于维修，所留工程资料甚少。但从今天的格局不难推测以后，通济堰的两座补充水源工程白溪渠、金沟渠应是逐步淤废了的。灌区内一些大型湖塘工程也相继退化，如汤湖、何湖的消失，里湖、白湖的萎缩，原与这些工程相关的渠系也经历了调整、改变，继而催生了新的轮水制度。20 世纪 70 年代以后新治河的开挖，高溪水库、郎奇水库的相继修建，又对灌区渠系工程产生了一定影响。

当代通济堰总干渠 40.79 千米，其中通济堰主干渠从进水口通济闸开始，经过堰头村共 0.78 千米、保定村 2.88 千米、周巷村 1.48 千米、概头村 1.01 千米，最后至开拓概止，全长为 6.14 千米，沿线有大小支渠 13 条，总长 10.47 千米；开拓概以下分中、东、西三支干渠，东干渠 3.47 千米、中干渠 14.39 千米和西干渠 9.35 千米，三支以下又逐节支分，是为支渠，共 41 条，共计 84.72 平方千米，支渠以下再分斗、毛渠，支、毛渠总长 103.86 千米，渠上提水泵房约 140 座，支上水闸 72 座。

据 2013 年统计，目前通济堰灌片的设计灌溉范围约 4.2 万亩，实际灌溉范围在 1.88 万亩左右，加上高溪水库灌片 1.5 万亩和郎奇水库灌区 0.52 万亩，三个灌片合称为"碧湖灌区"，总设计灌溉面积 6.22 万亩，涉及 4 乡 29 个行政村，属现代中型灌区。其中高溪水库位于丽水市莲都区碧湖镇高溪村，是一座以农业灌溉为主，结合防洪、发电功能综合利用的中型水库，集雨面积 26 平方千米，总库容 1017 万立方米，正常库容 820 万立方米。它利用了原来高溪、岑溪的一部分河道，分左、中、右三大支渠，灌溉碧湖镇、高溪乡、石牛乡；郎奇水库位于莲都区碧湖镇西北部的岭根村，为现代小型水库，于 1986 年建成蓄水，原灌区设计保证率均达 90%，集雨面积 18.25 平方千米，总库容 274 万立方米，正常库容 200 万立方米。电站尾水引入灌区，用来灌溉新治河以北郎奇、白桥、白口、下堰、蒲塘、赵村一带农田。新治河则开挖于 1978 年，原属白溪老河道，经过整治再利用后建成现在的新治河，主要为解决通济堰灌区高溪乡、平原乡、石牛乡万亩农田的排水问题，兼以辅助旱季灌溉（图 3-9）。新治河从岚山头起，至高溪村合高溪水库右、中干渠尾水，再至蒲塘、下朱、下陈、红叶、白桥、下黄山，最后在白口纳通济堰水入大溪，全长共 12 千米，利用原有白溪河道 7 千米[1]。

今天的通济堰主干渠全长 18.12 千米，沿线灌溉约 1.1 万亩农田。清代《丽水县志》记载通济堰大渠自宝（保）定村至白桥村，但《通济堰志》并未将白桥村纳入灌区管理范围，根据现存于下圳村（清时属白口村）通济堰出水口两侧概的石柱来看，历史上

---

[1] 莲都区水利志编纂委员会：《莲都区水利志》，方志出版社，2009，第 145 页。

图 3-9 新治河排涝渠（2014）

（1978年开挖的新治河纵贯碧湖平原，是整个碧湖灌区的排涝干渠。）

通济堰出口应在"白口"而非"白桥"，也就是今天所谓的"下圳斗门"处。从开拓概的中支走向判断，通济堰干渠古今总体布局没有太大的改变。

开拓东支干渠在清代以前称作开拓概南小支，负责上源各村灌溉。清代时这里分出若干支渠，衍生出了东、西支的概念。

今开拓概东支有 3 条分支，一在上汤村以西支分，流经其东南的上汤、关村圩，尾水排入大溪；一自东支继续北流至三丰村（古称三峰）又分出 2 支前往河口、采桑村；主渠经上汤、三峰、下汤、河口至采桑止村，全长 3.47 千米，灌溉沿途约 0.38 万亩农田，尾水从采桑村排入大溪。

开拓概西支在前林村以下变化较大。前林村是开拓概西支的一个重要分水节点，自前林村始支分两脉，一支向西至岩头、金村，一支北流至涵头闸。开拓概西支历史上还承纳了箬溪等一部分山水，1956 年新增了自周巷新圳口至魏村引水的丰产圳，故箬溪口以南所有山水最后都汇入丰产圳。丰产圳在岩头村窑岗与箬溪相会处，有一座类似于三洞桥的水上立交，只一孔，分离箬溪与丰产渠，此处丰产圳分为两条，一条北向国师殿去，在金村折向东南，归至魏村排涝；一支和箬溪重合，进岩头村，灌溉窑岗一带农田，最后尾水汇至涵头闸，再排向贯庄的通济堰主干渠。金村以北也有两道石闸，平日上闸，放水北去；洪水时下闸，水不再往北，而经涵头概汇入贯庄中干渠。

碧湖灌区南部魏村一带约 2 平方千米范围，地面高程 64.6 ~ 65.5 米，地势均比四周低，是碧湖平原内部的一个凹地。四周平原排涝水及西部山区洪水顺坡向凹地汇集，该地不具备排水能力，又远离排水出口，是灌区内部的易涝区。故 70 年代起灌区规划设计了魏村排涝线。起点在魏村西边成化寺（旧名国师殿），经过魏村折而向南流向涵头闸。涵头闸是魏村排涝线上的一个重要枢纽工程，它将西、南、北三面而来的余水汇聚后，提水排入大溪，以解决盆地中心的排水问题。

魏村以西地势较高，历史上通济堰渠水无法自流灌溉，故筑有金沟堰引岑溪水灌溉。清末以来战乱不断，金沟堰废，1978 年在修建高溪水库时，利用了原金沟堰渠的一部分作为高溪水库右干渠，途经长山田本村、经岚山头，沿山脊线而行至魏村国师殿为终点，可灌溉魏村、上街、采桑等村农田。尾水进入通济堰支渠，支渠又分成两脉，主支北下三石桥入增产堰，余水通过田间小型泵站提水至魏村排涝渠线内。增产堰自三石桥起，至广福寺概（古称凤台概）西支下游下概头西（古称西支古圳）止，主要灌溉河东以西及沙岸部分农田，余水在道士田本村一带进入高溪水库中干渠，最后入新治河。

凤台概在开拓概中干渠北下 4.2 千米处，今称广福寺概。宋、明时期，凤台概不设概枋，而用平木分水，清同治时将平木分水与游枋分水相结合。1988年，凤台概换为混凝土提升闸门。其东支为主支，流至城塘概止，灌溉上赵、横塘村一带农田。凤台西支自凤台概向西北伸展，又在河东村纳魏村至三石桥一派渠水后，又分为东、中、西三支。

从明、清两版通济堰图中可判断历史上的湖东对应的就是今天河东村的范围。河东东支自河东分水向东，灌溉河东村东面农田后余水汇入下游木樨花概（古称石剌概）西支；河东西支西北流至下概头概（古称陈章塘概）再分成三支；河东中支北流经周村分出一支流往白河（古称白湖），而中支主支在周村向北由启河坝又分出一小支灌溉下黄、黄田本村农田，余水与木樨花概西支合并后汇入城塘概西支。主流经启河坝折向西北，纳城塘概西支之水后汇入里河。里河是通济堰灌区的一大湖塘调蓄工程，它集中了自周村、白河、大陈村而来各支渠的余水，可为灌区下游调节水源分配，以备旱时之需。渠水经里河从村北流出，又在里河水碓坝处会合城塘西支及周村而来的渠水，北流至下季村注入新治河。

凤台概北支而下又有一大概，古称"陈章塘概"，今名"下概头概"。历史分东、中、西三支，现存两支。其中东支为主流，北行至章塘村后由章塘西支向北，在下朱村折而向东，又经红花概北下注入新治河，沿途灌溉农田，它是中源灌区西部分水的重要节点。

下概头概以西有一旧概曾为木叠梁结构，用来控制下概头村西面岑溪、沙岸来水，现在只存两岸石柱，概废，但仍作为一处重要的分水点。南面而来增产堰的水经此一分为二，一支向东，与兰荷堰之水相会后并入下概头东支主支；一支向北，与黄金堰水相合，沿途灌溉高垅桥、黄大桥一带农田，最终在上朱村汇入新治河。

章塘东、西分水相当于宋图中陈章塘概大渠与乌石渠分水。东支以下原是莲荷渠、翁家渠，西支以下分毛塘街四渠等。现在的章塘西支是从章塘村起至里河止，沿途灌溉大陈、下河田本、里河村等农田。东支主流在大陈村处有一分水，北流至裕民闸处又被分为两支，一支入大陈村生态园，一支绕过生态园区转而向东北灌溉沿途农田，尾水亦汇入里河。

广福寺概南支而下 300 米处有木樨花概，古称"石剌概"，将水又分为三支。中支为主干，沿袭了历史的一贯走向，过横塘湖北下至城塘概。但东、西支变化较大，原石剌东支一直延伸至资福寺，随着上赵、上阁、资福沿大溪一带人口的发展，其中渠道、湖塘不断被耕地侵占，最为明显的是横塘湖。横塘湖水域面积具体数值不可考，从古地图上看包括今天的上赵村以北、上阁村以西及资福村西南，但随着不断的围湖造田，横塘湖已缩小成今天上阁村以南长 500 米，宽 15 米的池塘，蓄水量大大减少。为此又在横塘湖以东，上赵村以北临近大溪处设横塘翻水站，旱时从大溪提水至横塘湖补充灌溉。今天的木樨花概东支流至上赵村东南处有一分叉，上设排涝闸，多余水入大溪，主支过上赵村后入横塘湖。

木樨花概西支流经地区古今变化更大，由于赤湖、河湖、汤湖、李湖的缩小或消失，原自石剌西支入赤湖、汤湖、李湖的几条大支渠被分割成两条支渠与众多毛渠。一支在井坑头村途北下，于上黄村北入城塘概西支，一支在河东与河东东支相合后再向北，沿途灌溉周村、里河等村庄，最后汇入里河。里河以下，旧有斗门于通济渠入白溪口，今白溪河道已作新治河之用，斗门不再，而设有官坝一座，而里河以下之水，皆汇入下季新治河出口。木樨花概中支而下2.7千米处为城塘概，宋至清末城塘概一直是中、下源的重要分水枢纽。宋时城塘概下分大、小二支渠，随着下游环境的变迁，至迟在清代同治年间已分成东、中、西三支，东西二支灌中源，中支灌下源（详见第四章第二节"工料与劳动力组织"）。20世纪50年代后由于轮灌制与生产用水不协调等诸多矛盾，沿袭了近800年的"三源轮灌制"被废除，取而代之的是"平水推法"，该法不再需要城塘概来控制中、下源分水，城塘概逐渐废弃，今仅存原闸两侧石柱，但自城塘概而下东、中、西三支分水仍在。城塘概东支流经上阁、资福、九龙村，并在九龙村以北入大溪，大体与宋代城塘小渠的路线相似；西支向里河方向去，沿途随地形分布延伸为若干毛渠，尾水入章塘东支。

城塘概中支为主流，向北而下经上黄村到九龙村西南面西圳口后分为二支，东支向东经过九龙村、折而向北至九思概、河塘概。九思概又称金丝概，位于九龙村西北，一条支渠辐射出多条支、毛渠，主要灌溉九龙村以西农田。20世纪80年代尚存，今仅存遗址。九思概以北不到1千米又有河塘概，旧称"湖鼎概"，又将自西圳口东支而下的水分为两支，东支流向塘里。在塘里西北面再分两支，一支流经塘里村后分为若干毛渠，灌溉新亭、石牛村西北面农田，另一支向西北流，与河塘西支在泉庄相会。泉庄有东、北二支分水。北支向北，在泉庄北面分为若干毛渠灌溉农田后，又折向东，一支在白桥注入新治河，另一支继续北下，在白口下圳村注入新治河。新治河未开之前，泉庄二支分水一支注入小溪，一支在白口村直接注入大溪。为补给塘里、新亭、石牛等村农田用水，20世纪80年代又在河塘东支塘里村与大溪相接处设乌面坎翻水站一座，旱时提大溪水入通济渠补充灌溉（图3-10）。

图 3-10　碧湖平原通济堰灌区渠系与人居聚落构成[①]

通济堰干渠在新治河出水口处渠道大多宽 2～3 米，旧时渠道更宽，20世纪60年代时尚能通船。后由于水路运输多为公路所替代、农田面积缩小等原因，灌区实际可供水量及通航水量需求下降，部分渠道功能退化，逐渐变窄。大旱年份，通济堰水流不及下源，沿边周村常面临缺水状态，所以在下源通济堰渠与白溪相接处都设有斗门和堰坝，平时斗门开启，将通济渠尾水排入大溪，必要时下闸蓄水，或通过抬高白溪水位引水入通济渠。今新治河上也设有大小十余座泵站和五座重要坝闸，分别是下季官坝、

[①]图片来源于李帅、韩冰、郭巍的《浙江丽水古堰灌区乡土景观的现代化转译——以通济堰灌区为例》一文。

上朱村活动闸、朱村坝、缸窑坝和松刀坝，它们与历史上的张圳、黄塘、下季斗门功能相似。

根据以上分析发现，现代渠系工程基本保留了宋以来的格局，局部地区古今变化较大，尤其在碧湖平原的西部与北部。但这种变化并非一蹴而就的，而是随着地区内人口变动、耕种内容、播种方式以及配水方式的调整而逐步演变。同时，灌区渠系变化也会影响到村落的选址、布局。灌区村落通常会在选址、布局、整体规划时充分考虑与水体、水道的关系。为了调控和管理水量，在重要的干渠支渠上也修建了概闸等控水设施以及陂塘等储水结构，随着渠系的发展，这些控水设施的地位日渐重要，也因而渐渐积蓄物资与人口，形成水量控制枢纽类的村落，如堰头村、概头村等，这种与堰坝系统相伴而生的聚落景观组织巧妙，极具特色，是浙江西南山区乡土景观的典型代表（图 3-11）。

第三节　渠系关键性工程

今通济堰工程的主干渠从堰头村引水至下圳村入大溪，其线路与碧湖平原的等高线基本相垂直，干渠以下支、斗、毛渠也基本随地形地势布局，以实现最大范围的自流灌溉。主干渠平均坡降在 0.8‰，主要支渠平均纵坡降在 0.5‰ 左右，部分桩段地势较陡，可达到 1‰。各干支渠上设有闸概、平水堰以及大小湖塘等渠系控制工程。平原西部靠近山麓地带地势较高，一方面通过概闸提高渠内水位以便从地势较低处引水至高处，一方面巧妙利用了箬溪、岑溪、高溪、白溪等水源以作补充。各类渠系工程功能的相互配合，是通济堰灌溉效益可持续发挥的关键所在。

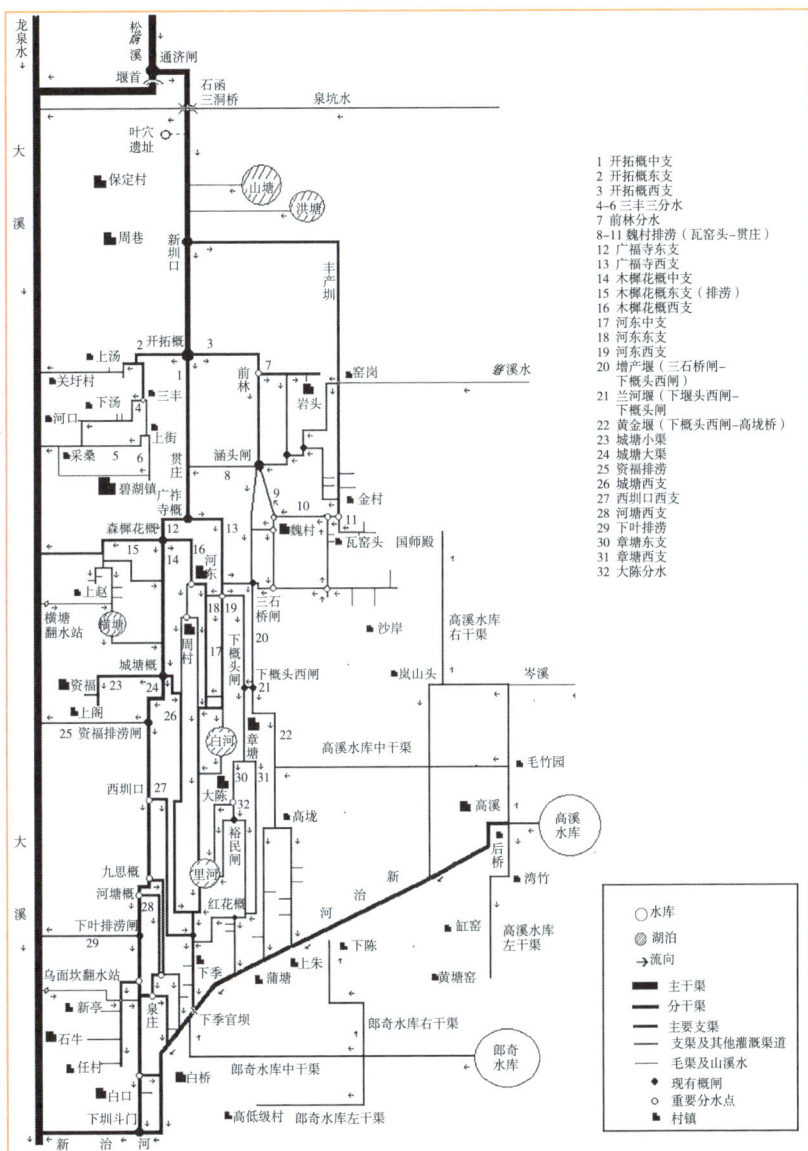

图 3-11　当代通济堰灌区渠系概化图

（根据 2014 年通济堰灌区情况以及《通济堰文物保护规划》中的通济堰水系图绘制）

一、引水主干渠

通济堰引水主干渠段从进水口至开拓概，根据灌区地形条件和灌排需要，干渠渠线弯长曲折。明代万历年间《丽水县文移》中记载主干渠"自斗门至石函，凡二里许"[1]，按照明代1里约等于今天的536.45米计算，"二里许"大约相当于现在的1.2千米，距今天的数据相差甚远[2]。据1999年的主干渠整修工程说明记载，20世纪以来共有2次对主干渠的整修，分别在1989年和1999年，当时渠线布置为避开沿岸古樟树，基本按原渠线路走，对主干渠进水口喇叭段进行整修拓宽。拓宽后的主干渠平均底宽为9米，面层采用浆砌石护面，与喇叭口相连的20米处断面采用渐变段与原岸顺接，其底宽为11.8米；三洞桥处渠道采用渐变段与原渠线相连，底宽11.5米，坡降8‰。至于干渠走向和长度，从2012年灌区水系图得出的数据来看自进水口到三洞桥约324米，而非536米，究竟是笔误还是测量标准不同，目前不得而知。唯一可以肯定的是，从现存9棵树龄都在800岁以上的古樟树来判断，从引水口至石函这段渠道应没有发生太大改变，只是引水口位置上移过15米，这在1955年的维修资料中有明确记载（图3-12）。

石函下又1500米"自斗门至朱村亭逶迤数十里，右傍大溪，高路为堤，称要害焉"。所谓"高路"，是指这段干渠高于路边农田近1米多，故得名。该段在保定村外东有一向北折行90°的转弯，汛期水势流急，为工程一大险工段，为历代管理者所重视。

---

① ［清］王庭芝编：《重修通济堰志》，侯荣川整理，收入《中国水利史典·太湖及东南卷》，中国水利水电出版社，2015，第245页。

② 牟复礼、崔瑞德：《剑桥中国明代史》，中国社会科学出版社，1992年，第1页。

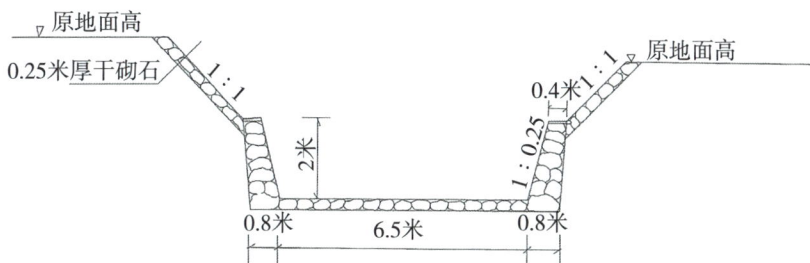

图 3-12　进水口——三洞桥渠道断面图

（根据 1992 年通济堰维修工程档案重绘）

为防止附近村民私自开堤引水灌田、破坏堤岸，影响防洪与输水，自南宋起就设立了专人巡查，清代专设概夫一名看管高路堰堤，由堰租下拨给工钱[1]，如遇汛期坍塌，则需组织村民制作水仓抢险加固[2]。今高路段渠道已作混凝土浆砌石衬砌，稳定性大有提升。

二、主干渠上的排涝工程——石函与叶穴

通济堰主干渠上的"石函"和"叶穴"，是通济堰主干渠引水的第二道屏障。

石函位于通济堰进水口下游约 324 米处，历史上距离进水口距离稍短，是主干渠上的立交分水工程，它始建于公元 12 世纪，利用"渡槽"的原理，上桥引渡泉坑水入瓯江，下涵引通济堰水通过，使"泉坑之水虽或湍激，堰吐于下"，泉坑水、堰水二者互不干扰，避免每年汛期因山水暴涨带来的威胁，为灌区引水提

---

① ［清］朱丙庆：《堰租开支章约》，《通济堰志》第二卷，清宣统刻本第30—31 页，《堰租开支章约》中记"经管宝定叶穴淘沙门概枋，并龙女庙香火及高路等处概夫一名，每年按章计给食谷二石，又六钱二千文，此谷定于十月发，钱年终时给"，证明清代专设人员和款项管理高路段。

② ［清］清安：《续修通济堰三源堰通分派十八段附录》，《通济堰志》第二卷，清宣统刻本，第28 页。《续修通济堰分派十八段目录》中记"抑且造水仓以障高路，砍旁木以利水道"，提到了通济堰高路段的筑堤方式。

供了有效保障，促进了通济堰工程整体的完善与发展（图3-13）。

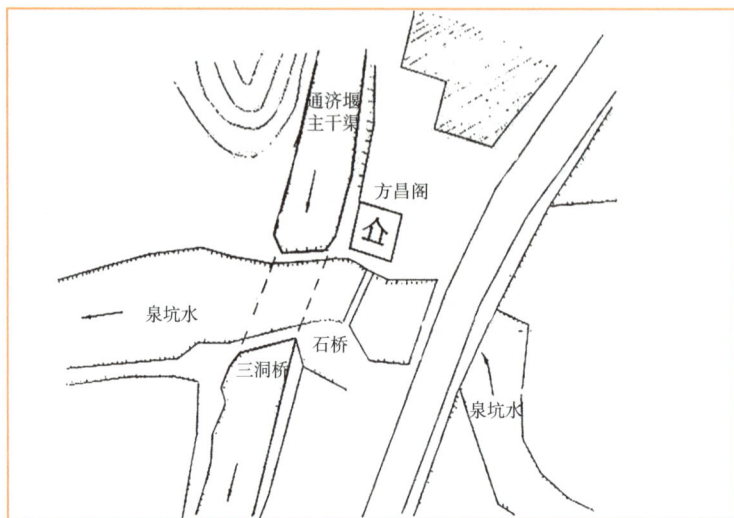

（a）三洞桥布置平面图

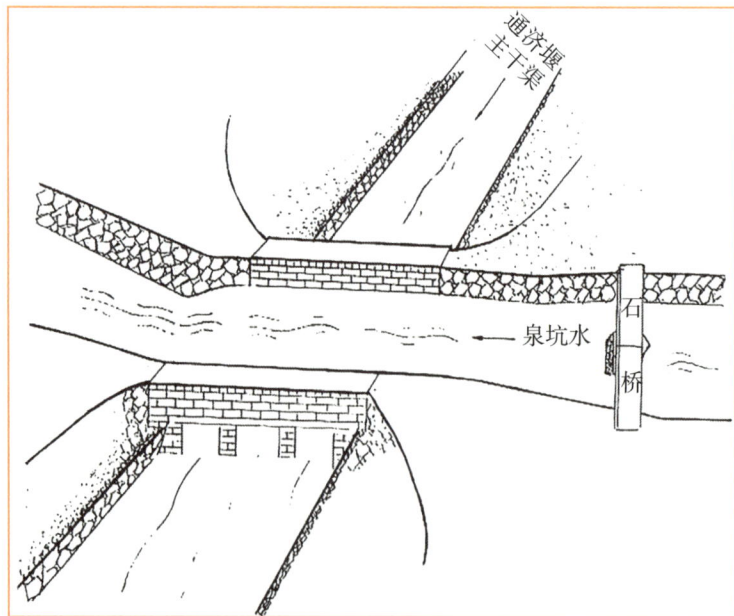

（b）三洞桥示意图

图3-13　石函三洞桥平面示意图

石函，顾名思义，以条石为材，采用的是错峰平砌法。结合引水桥和桥两侧挡水墙，与桥面形成一个倒梯形。它的两个桥墩相互平行立于渠中形成三孔，故又称"石函三洞桥"。三洞桥两侧挡水墙原为木枋，南宋时进士刘嘉"补之以石而熔铁固之"①。旧时桥下三孔洞高约有 5 米左右，每孔净宽 2 米有余，既可行水又可通船。桥上铺设石板，供行人往来。

在石函建成前，通济堰主干渠这段常受山洪阻断困扰，而在此处堵塞，则上、中、下三源引水都将受阻，因之，乡人"苦于役"，"堰利不复"。石函建成后，主干渠不再受山洪干扰，通济堰灌区才免于岁岁断流，堰利得以稳定。因此，石函作为主干渠引水要害，为历代所重视。19 世纪时，为加强石函的整体稳定性，采用条石铺砌引水桥面函板，每块条石厚 0.25 米，长 10.9 ~ 11.9 米，宽 15.0 ~ 17.0 米，条石间以雌雄合缝熔铁技术胶固。1995 年，又将石函改造为混凝土结构，总长 13.65 米，净跨 9.0 米，三洞单宽分别为 1.75 米、2.25 米、1.8 米。然而，长期以来，渠底逐渐淤高，到 21 世纪三洞桥底淤积深度已达 3.15 米，实际洞高仅存 1.50 米，无法再通船②（图 3-14）。

石函下游保定村外西侧堰堤上有一座拔沙门，因其建在当地大户叶氏的土地上而被称作"叶穴"，它也是主干渠上调节引水量的重要关卡。叶穴直通瓯江，所在高程与瓯江水平面约 5 ~ 6 米，上设闸门，平时闸门紧闭，汛期则开闸泄洪，又可借助叶穴与瓯江的水头来排除渠底淤沙，从而减缓主干渠的淤积，进一步保障

---

① ［清］王庭芝编：《重修通济堰志》，侯荣川整理，收入《中国水利史典.太湖及东南卷》，中国水利水电出版社，2015，第 234 页。

② 叶伯军：《通济堰》浙江古籍出版社，2000，第 56 页。

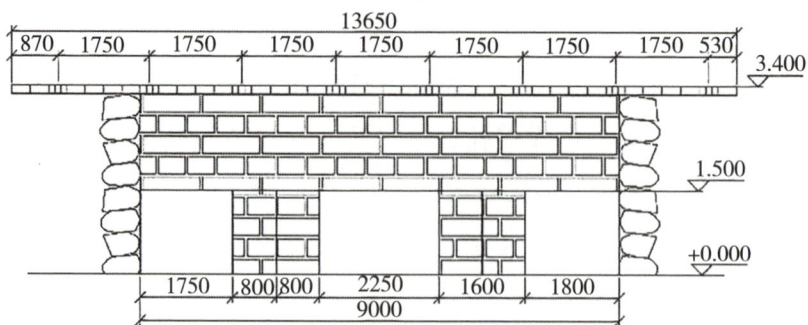

（a）1995年改造后石函三洞桥立面图（1：80）

（b）石函三洞桥实景图（1999）

图 3-14　石函三洞桥

了渠系安全。由于叶穴所在位置关键，又处于汛期受洪水顶冲的险工段而备受重视，因此从宋代起就有专人看管，堰志中留有清代多次维修叶穴的记录。直到 1954 年大修时，在堰口设引水通济闸与排沙闸，代替了叶穴的排沙功能，导致叶穴逐年淤积、退化，最终被废弃。

　　至于叶穴位置，至今存疑。明代文献里就有两种说法：一是上述《丽水县文移》里提到的"一里许"，二是何镗在《重修通济堰记》提到的"五里"①。在《通济堰文物保护规划》中，确定叶穴的位置系距石函 1.5 千米处保定村农田内的一池水凼，与两旁地势高差尚有 2 米之多。然而，根据中国水利水电科学院专家组在 2022 年的田野调查发现，这个水凼很可能系 20 世纪 60 年代村民开挖的蓄水池，当地村民告知这处蓄水池直到 21 世纪初还在使用。由于叶穴的运行机理是依靠主干渠与大溪的天然落差泄洪冲沙。但从水凼的外观与地理位置看，并不像是拔沙闸的最佳选址，且至今仍无考古发掘证明此处确有工程遗迹。2022 年，莲都区政府召开了一次"关于"叶穴遗址"位置论证专题会"，经过与会专家的研究讨论，认为明代樊良枢堰规中记载距离石函一里许的叶穴，按照距离推算，应当位于现行文物保护规划叶穴的上游位置。而根据地理地貌与叶穴功能分析，其位置应符合工程险工段特征，又能保障其泄洪、冲沙的水利功能，因此它的选址当在主干渠距石函约 400 余米，离大溪最近的弯道位置，也就是今天古堰画乡停车场的位置。而这一推测是否成立，需要考古研究的进一步证明。

三、干支渠水量控制工程——概

通济堰工程所指的"概"是对干、支渠上堤堰、闸坝式分水工程的总称。史料记载灌区工程共有大小概闸约 72 座，工程通过对概闸的布置来控制各干、支渠的配水量，在旱季实行有效的轮灌制。明《丽水县文移》描述通济堰上概闸"其造概也，有广狭高下，木石启闭之各殊其用；其分概也，有平木、加木，或揭，

---

① ［明］何镗：《重修通济堰记》，收入清宣统刻本《通济堰志》（卷 1），浙江省图书馆古籍部藏，第 9—10 页。

或不揭之，各得其宜"①。通常控制干渠或主要支渠分水的节点使用闸门式分水，如干渠上的开拓概、城塘概，是通过不同的渠底高程设置与闸门启闭时间来分配支流水量（图 3-15）。也有在两渠分流处，当一条下级渠道与上一级渠道水流方向正交或斜交的时候，常通过修筑堤堰或放置平水木、平水石来调节水量分配，低水位时壅水入河，高水位时则顺堰顶流过，如明代《丽水县文移》记载开拓概中支（今名"中干渠"）下游的凤台概（今名"广福寺概"）南北二支"不用游枋揭吊，但平木分水，留淫而下"，清代《三源大概规条刻》记载石刺概、九思概、湖塘概都不用闸门：

图 3-15　开拓概（2004 年）

▲ 开拓概位于引水口下游 400 米处，总干渠自此分为东、中、西三支分干渠，分干渠全长 34.65 公里，全部为干砌石护岸，渠道宽度因引水流量的不同也有变化，其中中支规模最大。

"石刺概平水石较东西低五寸，下概枋之处，又低五寸。

今用尺厚游枋一根，自三月初一日即下概枋，除去平水石五寸，

---

① ［明］樊良枢：《丽水县文移》，收入清宣统刻本《通济堰志》（卷 1），浙江图书馆古籍部藏，第 17—20 页。

尚高出石外四寸，备水适与东西支平流……城塘概缘岁久失修，古制已改。去冬堰董纪宗瑶修理中支，高于东西二支一尺有余，以致下源受水不均。今饬董事叶瑞荣、林永年等重砌，放低一尺九寸，东西支各用平水石与中支适平……九思、湖塘二概上下均系下源，既有平水石，可不必用概枋以杜弊。[①]"

无论有闸无闸，在一渠分为数小渠，或者两渠并列引水之时，堰口尺寸是控制引水量的关键。通济堰上概闸的布局是几百年来灌区工程管理经验的总结，历代堰规对干渠上重要的分水口有详细的尺寸规定，所有渠道广狭、高低都需提督官许可，依据各干支渠范围内农业需水量加以改动。

中华人民共和国成立以后，工程进入现代化水利工程发展模式，在对干支渠的改造过程中，开拓概、凤台概、石刺概等古代分水大概都被改为混凝土提升闸门（图3-16）。除此之外还新增了不少闸门，并在闸门的改造计划采用测控一体闸，通过水位传

图3-16　经改造的混凝土提升式闸门（1999年）

① ［清］清安：《三源大概规条石刻》，收入清宣统刻本《通济堰志》（卷2），浙江省图书馆古籍部藏，第1—3页。

感器监测水面高度，通过控制系监测信息、读数，实现水位流量的远程自动采集，为灌区防汛抗旱和用水决策提供依据。与此同时，一些老闸也因渠线的改变或轮水需求变化逐渐废弃，如曾是中、下源重要分水枢纽的城塘概闸门已废，而原有的九思概因渠线改变，原渠被填为农田而消失。这些新老闸门的增减以及结构的改变是否对灌区工程的可持续使用起到积极或消极作用，学术界颇有争议，尤其是在对渠道内泥沙的控制、防淤防冲方面，因此处没有实测数据，还有待于进一步研究证实。

　　除概闸外，通济堰也有类似于都江堰鱼嘴的分水工程，如前林布裤裆分水、河东三分水、大陈庄分水等（图3-17、图3-18）。这类分水工程是在堰口或沟口利用原有的地形将迎水端设计成呈流线状或椭圆状，顺势把来水分成几道，分别流向不同农田。这种分水的迎水端可能是用水仓或卵石砌筑，可根据来水情况随时调整堰堤的高度和位置，方法简单灵活。

图3-17　支渠上的叠梁闸闸槽

图 3-18　堰口分水鱼嘴

四、干支渠引水立交设施——石笕

石笕是一种渡槽，安设于石桥上用来引渡堰水。通济堰南北纵贯灌区，并由各级干、支渠向东西农田蔓延。因山区地形西南高、东北低，西面环山，有多条发源于西面诸山的河流由西向东汇入大溪，有时这些山溪会与通济堰渠交汇，工程中通过采用石笕跨过山沟或渠道。灌区内相互横穿的、砌石架槽的小型石笕较为多见，如清代同治时期下源"蒲塘向有纪店、下陈、郎奇等庄横布石笕，以分水利"[1]。现今金村一带还在使用石笕分离从上游窑缸而来，与高溪水库右干渠相交的渠水。

五、灌区水源调蓄工程——湖塘

通济堰各级渠系分布着众多湖塘蓄水工程，从而形成了灌区长藤结瓜的蓄引工程体系。一般面积大的称为湖，面积小的称为

---

[1]〔清〕王庭芝编：《重修通济堰志》，侯荣川整理，收入《中国水利史典·太湖及东南卷》，中国水利水电出版社，2015，第270页。

塘。以宋图为底本的明、清通济堰灌区图中就明确标有白湖、赤湖、何湖、汤湖、李湖、横塘、莲河、毛塘、沙塘等湖塘工程。这些湖塘大多利用了原有的湖泊洼地，既可引蓄地下水，又接纳地表水。它们与通济堰的支、毛渠相连，并在连接处筑堰设闸。也有些湖塘在通济堰水灌溉不足的高地经人工开挖而成，如保定村的洪塘。原本保定村除通济堰渠沿岸一些农田，无支、毛渠水分支灌溉，南宋开禧元年（公元 1205 年）何澹调兵挖筑了洪塘。《通济堰志》中记载了当时灌区人工开挖的大型河塘共有 12 处（表 3-8），这些湖塘多在上源山麓地带，受地形限制，通济堰水无法到达，却可利用沿山，浚泽蓄滞雨洪的村庄。其中最大的人工湖应属保定村西北的洪塘，清代《浙江通志》记载为南宋何澹主持修筑，"周九百八十二弓，计额三百三十四亩八分三厘四毫七丝二忽"[1]，约 330 余亩，可溉田 2000 亩。明代缩小到三顷七亩（约 107 亩）。

表 3-8 明代灌区内补充通济堰渠水灌溉之湖塘（根据明代《三源水利》整理）

塘名	位置	占地面积	塘名	位置	占地面积
（上源）官塘	前村	不详	许塘	岩头	十二亩
便民塘	新溪	不详	金川塘	前窑	十二亩
山塘	保定悟空寺前	不详	五池塘五口	杨山口村外	不详
洪塘	保定	三顷七亩	丝齐塘	杨山口村	不详
潘塘	保定	十二亩	樟树塘	杨店	不详
驮塘	箬溪口	十二亩	车斗便民塘	金村前	不详

随着村庄的发展、人口与农田的增加，各村用水量增加，不

①赵治中点校，丽水市莲都区史志办整理：《丽水县志（民国版）》，方志出版社，2017，第 99 页。

断开挖出新的蓄水空间，尤以九龙、资福、白口、泉庄、塘里等下源大村居多，直至21世纪初，灌区内还有200多座大小湖塘。这些湖塘大部分呈方形，塘壁陡直，深约2米，以卵石护坎，有的还设有塘埠头，既可蓄水灌溉，又兼有生活用水功能（图3-19）。但另一方面，人口的增长对土地的需求也逐步增大，历史上围湖造田、围湖占地的情况随处可见。而在通济堰灌区，一些原本面积较大的湖塘也逐步萎缩为分散的小水塘，如上述洪塘，宋代到明代面积已缩小了三分之二。历史上的汤湖、何湖亦是如此。自从20世纪七八十年代通济堰灌区建起高溪水库和郎奇水库两个子灌区和新治河排涝工程后，灌区渠系内部水量的调蓄功能就向外转移到量大水库和新治河上来，一些小池塘也就失去了原有的功能。但事实上，近年来在通济堰引水水源上游还建造了若干水电站，

图3-19 下源白口村湖塘之一

▲湖塘与渠系相通，蓄积多余来水以备旱时灌溉，是通济堰灌溉工程的重要组成部分。历史上大小湖塘最多时曾达200余方。今天许多湖塘已经消失或萎缩，但仍能在地名中找到它们的踪迹。也有一些湖塘沿用至今，如宋时的李湖，在今天的里河村还有一方水塘，为村民提供生活和灌溉用水。

上游来水减少，加之灌区内部调蓄工程的减少，灌区蓄引能力降低，通济堰渠道经常出现旱期断流现象。

第四节　对传统工程技术的认知

通济堰是我国南方少有的、典型的有坝引水灌溉工程，它从渠首到渠系工程的布置均体现了中国传统水利工程规划因地制宜、趁势利导的理念。

通济堰拦河坝虽呈弧状，但其依靠自身重力挡水，且中部有船缺，因而是浙南山区河流间典型的曲顶低堰，也是世界上出现较早的拱形坝。拦河坝创建之初为临时性的木筱结构，以竹、木、砂砾土制成的水仓则是坝体的基本构件。13世纪时，永久性砌石坝诞生，坝基部分采用具有耐磨、防腐、抗弯性能的松木，解决了硬面河床的抗滑稳定性问题，主体部分用条石累甃叠砌，并以铁汁勾缝，加强了坝身的整体性与稳定性，减轻了灌区民众年年岁修之苦，这一结构形式一直沿用了800余年。

12世纪出现的石函是灌区工程体系完善的标志。石函修建前，每年必耗费浩大的人力物力对主干渠进行维护。汛期主干渠常受到与之相交的山溪水泉坑的破坏，导致水在未能进入开拓概分水前就被阻断。石函以渡槽的形式将山水与渠水分离，从而保障了汛期渠水的正常通行，这也意味着整座工程需要一个永久性的渠首工程以保证稳定的引水，同时减轻灌区用水户的岁修工役之苦。

通济堰的渠系工程是由灌区民间私堰小渠经统一规划、整合而成的完善的灌区渠系。主干渠自通济闸而下至开拓概后分成三支分干渠，各级堰渠呈竹枝状分布，层次分明。依靠渠系关键性工程——不同大小概闸的调节与配合使用，实现了对水资源的公平分配。通过修建金沟渠和白溪渠，引平原西部诸山溪水作为通济堰灌溉的补给水源，解决通济堰渠无法达到的西部山麓地带的灌溉问题，使工程灌溉面积得以基本覆盖整个碧湖平原。灌区内还分布着众多湖塘，这些湖塘与渠系相通，起到了对水量的调蓄作用。

古今渠系演变对比研究表明，南宋以来通济堰主要干支渠经行路线和渠系关键性工程布置与现代灌区出入不大。明清多有变动也至多表现在微型渠道的增加和三源内部的调整上，灌溉面积始终维持在 3 万亩左右。但随着复种指数与人口的双重增长，灌区渠道、湖塘与耕地的矛盾日益增加，加之清末以后因战乱导致工程管理荒废，原白溪渠、金沟渠淤废，灌区大面积的湖塘被耕地侵占、填埋，从而被拆分成若干小河塘。新修的高溪水库和郎奇水库总兴利库容在 1007 立方米，虽然能在一定程度上发挥消失的传统湖塘堰的蓄水功能，但整体功能上并不能完全取而代之。根据排涝模数的计算，灌区现有渠道是满足排水需求的，然而实际情况是一雨则涝，尤其在魏村、九龙、红圩等低洼地带。由于缺少渠系间大型湖塘工程的调蓄，汛期通济堰出水口新治河承受着巨大的行洪压力。

现代灌区渠系关键性工程在传统格局的基础上开展建设，传统的叠梁式闸门大多被改造为自动提升的整体式闸门，传统斗门、概闸的结构虽需耗费工役岁修，以及人力启闭，但在防止泥沙进入渠道造成淤积方面又优于现代整体式钢筋混凝土闸门。正如现代水利专家黄万里所说的那样，我们了解和研究传统工程技术，

不是为了去遵守那些古来制定的工程位置和尺度，那些只是表面现象，而是应该借鉴实质性的内涵，它们才是先贤启示后世治水的法则。因而，我们无须去判定传统工程或现代工程孰优孰劣，而是应该从研究中探索传统工程技术条件下，古人先贤建造一座工程时，对自然的敬畏与顺应，对规律的认知与运用，对有限空间中所能获得的材料的选取与把控。这才是未来灌区规划和改造时应当关注的重点。

第四章　通济堰的管理

在丽水市云和县赤石乡大山萪（峰）深处，有一块分水石，上刻"丽云分水处""左云和、右丽水，水流任其自然，不得拦截或凿深"。大山萪水源在此处左右分流，维系着下游村镇百姓的灌溉饮水，分水石刻，是解决水事纠纷和水权争执的智慧之体现，也反映了水资源时空分布不均的普遍性，即便在水源相对丰富的南方也不例外。

碧湖平原的水情状况亦是如此。东部毗邻大溪，有丰富水源却易受洪水侵袭。西部地区利用山溪水可发展灌溉农业，但也面临着夏涝春旱的困扰。中部则因地势低平，易发内涝。而有通济堰以后，碧湖平原旱涝基本无虞。一座工程能持续发挥 1500 多年的效益，不仅依靠完善的工程设施，也仰仗有效的管理体制。纵观通济堰 1500 余年的沿革，工程从南梁初建，到两宋的完善与成熟，又经元明清的继承和持续发展，最后步入现代化转型，每次维修整治都与官方的政治、经济需求密切相关。

在工程演变过程中，官与民的配合管理是通济堰的效益能维持至今的关键。历代通济堰管理都是以政府参与水权制度的制定与监督，并授权民间管理组织的执行的模式发展的。地方精英凭借乡间威望和士绅特权成为民间管理体系的主导力量，灌区工程与用水制度的维护很大程度上取决于主持管理的地方精英集团是否能够代表灌区用水户的共同利益。"官督民办"的工程管理模式，可以自上而下地将零散、相互独立的村落团结为同一个以水效益为中心的水利社会，通过制定公平的规范维护灌区水利社会各个集团的共同利益。

然而清末以后以乡绅为代表的地方精英阶层逐渐没落甚至消失，导致持续了几千年的乡村社会结构、文化制度产生了严重断裂。灌区的工程管理也开始走集权于政府的模式，无论碧湖委员会还是各乡、镇水利分会，其管理层都由政府机构人员构成。尽管这种管理模式有利于工程的统一管理、调度和规划，同时因为参与管理者大多为当局的技术骨干，在工程的维修、养护实施过程中更具专业性，但这种管理模式也导致了各级管理范围不清晰、职权混乱，基层官员与土地产权的不明，从而影响了地方精英参与工程管理的积极性与管理制度执行的有效性。

第一节　水行政管理体系的演进

通济堰灌区的行政体系是伴随着灌溉的进行而逐步发展并日趋完善的。工程在始建之初就由政府主持，以后各代的兴废都与政府的参与程度有关。12 世纪以前，灌区并未形成一套有效的工程管理体系，完全依靠民间自发的管理，一不小心就会成为地方豪门大族的私堰。一旦如此，整座工程就无法兼顾全局利益，而只为一方服务。为尽可能地保证水资源能够公平、合理地分入各村，北宋开始，政府开始探索如何将用水户的利益凝结起来的管理方式。

随着工程体系的完善，通济堰成为保障碧湖平原农业生产的重要灌溉水源，它的管理组织和制度也随着工程的延续而不断充实和演进。

一、两宋时期管理体系的形成

宋代地方农田水利事务由各州知府、知州负责，县一级的令、丞、主簿、尉中，县丞专掌水土之政，尤其在王安石变法期间，农田水利成为地方官员政绩考核的一项重要指标。通济堰灌区的水行政体系也形成于这一时期。元祐七年（公元 1092 年）县尉姚希的堰规中利用了当时户籍管理中的"里甲制"将灌区分为九甲，每甲设一甲头管理组织人员，并依照"户等制"确定堰工义务与承利人田亩多寡相对应[①]。这种借用里甲制、户等制形成的管理组织已初成体系，但由于当时工程尚不完备，尤其在石函建成之前，工程的灌溉效益是极不稳定的，因而管理制度也难以有效落实。

随着工程体系的逐步完备，灌区的管理组织体系也逐渐完善起来。"利益平衡"是灌区工程管理的核心内容。早期的"乡规民约"与堰规旧例因官府介入较少，水利秩序并不稳定。因此，南宋乾道五年（公元 1169 年）时，处州知府兼管内劝农事的范成大根据旧例规约，编制了一套更为公平缜密，且行之有效的工程管理制度，俗称"范氏堰规"。

在范成大制定的这套堰规中，灌区采取了政府监督、用水户参与的水行政管理体系。姚希依照户籍保甲制划分管理单位的方法继续被沿用，并根据当时灌区承利田户分布的实际情况，在原有的九甲之外增添一甲，每甲设甲头帮助堰首催抄工数。为实施

①［清］王庭芝编：《重修通济堰志》，侯荣川整理，收入《中国水利史典·太湖及东南卷》，中国水利水电出版社，2015，第 250—254 页。

轮水制度，他将灌区分作上、中、下三源。处于配水末端的下源上田户，在满足十五工以上，有材力的条件下，拥有被保举为"堰首"的权利。南宋《通济堰规》第一条规定了堰首的选举资格与主要职责：

> "集上中下三源田户，保举上中下源十五工以上有材力公当者充，二年一替，与免本户工。如见充堰首当差，保正长即与权免，州县不得执差。候堰首满日，不妨差役，曾充堰首，后因析户工少，应甲头脚次与权免。其堰首有过，田户告官追究，断罪改替。所有堰堤、斗门、石函、叶穴，仰堰首朝夕巡察。如有疏漏倒塌处，即时修治。如过时以致旱损，许田户陈告，罚钱三十贯，入圳公用。[1]"

所谓的"十五工"是指按与持有秧把对等的出工数，灌区旧约规定"每秧五百把敷一工"，即拥有 7500 把秧，能在修堰时出工十五人以上的用水户为上田户[1]。持有秧把数额反映了种植面积与需水量的关系，而出工数额对应的是承利范围内的义务，按承利田户的秧把数划分田户等级与堰渠维修工役负担，以秉持公平分配的基本原则。而规定民间管理组织的最高执行者堰首的保举范围必须是来自下源，能出十五工以上的上田户，则是为了利用灌区利益集团内部的权威，保证在旱季时对有限水资源的合理分配，尽可能地避免因缺水导致的用水纠纷。

宋代"堰首"的主要职责有：负责所有堰堤、斗门、石函、叶穴、各大小概闸、湖塘堰的巡查、报修工作，监督各船只的通行事宜；

---

①［清］王庭芝编：《重修通济堰志》，侯荣川整理，收入《中国水利史典·太湖及东南卷》，中国水利水电出版社，2015，第 250 页。

与上田户一起组织灌区所有水利工程的维修；与上、中、下三源上田户集中商议监当、甲头的推选；负责收管都工簿、催发堰工，监督各甲堰税的征收与夫役摊派；承担龙王庙"锁闭看管、扫洒崇奉、爱护碑刻、约束板榜"之责。

为保证堰首恪尽职守，避免堰首在当值期间内与官方赋役产生冲突，范成大还在《通济堰规》中规定在任堰首"保正长即与权免，州县不得执差"，即不得在官役系统中当差。历代堰首任期满后，如因"析户工少"，出工不满十五者，仍能享受免去"甲头"一役。此类条款是官方为维护灌区水利秩序，利用权力与权威介入地方水利事务管理，协调堰役与官役冲突，将乡规民约上升到官约的表现。

堰首以下，又分监当、（叶）穴头和堰簿司，任职者皆为三源上田户。《通济堰规》中第二条规定"十五工以上，为上田户"，每两年由堰首组织三源上田户推选三名作监当，其主要职责是协助堰首管理灌区财务、工役派夫之事。监当之外再另择一名管簿，替堰首收管田秧等第簿，每年岁终，管簿上田户将田秧等第簿交与堰首关割。与堰首不同的是，充任监当的上田户并不免除堰役以外的官役，除老弱人之外，上田户皆须轮任监当，"内有恃强不到者，许堰首具名申官，追治仍倍，罚一年圳工"，因为监当属于水利集团内特有的"吏役"性质。

与"监当"性质相同的为"甲头"，由上田户中能出三工至十四工者充，一年一替。宋代赋役制中将乡村每十户分为一甲，灌区管理组织借鉴了行政赋役体系，将用水户分为十甲，以秧把数多寡为先后顺序，每轮每甲皆派一人作为甲头，轮充甲头者免当年本户堰工，遇有官役则"即差下次人，候别役满日，依旧脚次"，

所以甲头一职还是一定等级范围承利田户的义务。并在当年轮充甲头者中找能书写之人充堰司，负责堰务内相关文书事宜。当值甲头的主要职责是催抄工数，取堰首金人。除此之外，又承担对堰首、上田户的督察之责，如遇"堰首差募不公"可直接越级报官，官府"点对核实，堰首罚钱二十贯，入堰公用"。这些管理职责的设定表现在宋代灌区管理组织体系中，上下级职间存有相互监督、制约之权，官府在其中扮演着对公平原则实施情况进行核实、监控的角色，这种组织形式对于灌区管理的公平性与稳定性来说，无疑是有益的。

除上田户、甲头外，堰首下还专差堰匠、概头、穴头看管堰渠各大要害处。其中堰匠六名，常切看守堰堤，或有疏漏，即时报堰首修治。在大堰船缺处轮差堰匠两名，管理往来船只，禁止重船私自拆堤过堰。渠首以下有开拓、城塘、陈章塘、石剌四概为配水启闭的重要环节，因此各差概头一名，轮水期间须严格按照堰规制度启闭揭吊。其余湖塘堰及支渠小堰，也设有湖塘堰头和小概头，负责湖塘堰概的闸门启闭、清淤维修，防止承利人户私自围塘作田，或启闭概闸、妨众水利的情况发生，任差者为附近上田户，每年免本户三工。此外，在主干渠泄水斗门叶穴处还设有穴头一名，由保定村叶穴附近的上田户中选择两名轮值，负责在大雨时开启闸板泄洪，以免过多挟带泥沙之水冲入渠道；灌溉时则闭闸，以防渠水泄露，当值期间并兼叶穴龙女庙看管扫洒、祭祀之责。堰匠、概头、穴头作为专职人员，可免甲头差使，对违反堰规妨碍水利者可报堰首或直接申官，同理，倘若专差失职，也须承担惩罚罪责。

这样"堰首—上田户—专差—甲头"就构成了以地方精英为

主力的通济堰灌区水行政管理体系（图4-1）。专差和甲头虽由堰首集上田户选出，但也兼具对堰首与监当的监督权，如堰首差选不公，可越过堰首直接报官。官方对管理组织成员授予相当的权力，并通过审核堰簿、颁发修改堰规来实现对管理的监督与把控，强化农田水利规章制度的权威性。在这套行政体系中，组织成员内部、各级组织成员与承利田户间都存在着互相牵制的关系，管理组织内部分等列级，上下层间互有监督权，下级遇上级差募不公、滥用私权时，享有越级上告之权。所有组织成员又受灌区用水田户监督，如田户申告管理人员之责查证属实，上下级间有监督失职的连坐之罪。这在一定程度上可以维持水利集团内部各方势力的均衡，保证用水秩序、水权分配、夫役税收的公平、公正。

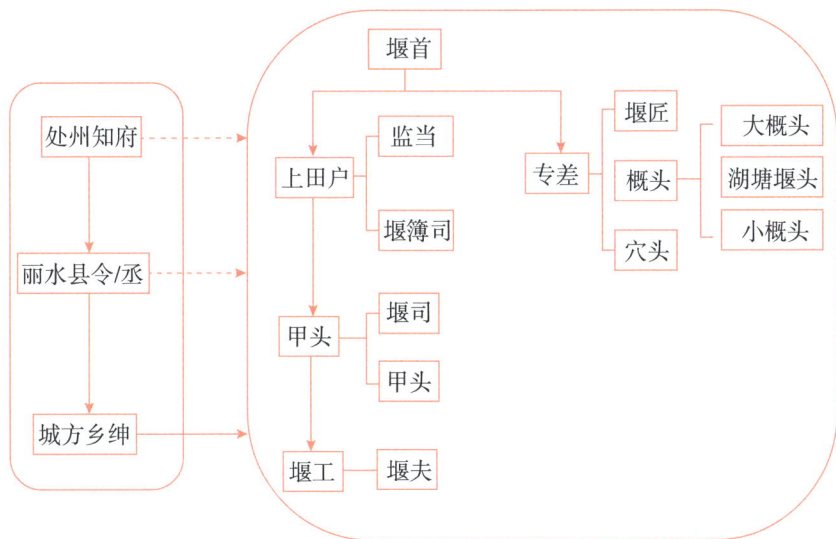

图4-1　南宋通济堰管理组织结构示意图

二、明清时期灌区水行政管理组织

由于灌区人口、耕地的发展与渠系工程的演变，南宋以来的

配水制度已无法适用于明代，万历年间《通济堰规叙》的描述可反映当时管理制度与实际用水情况的矛盾：

> "通济堰规，盖宋乾道年新规也。而今往矣，堰概广深，木石分寸，百世不能易也，而三源分水有三，昼夜之限，至今守之，从古之法。下源苦不得水。田土广远，水道艰涩，故旱。是用噪而岁必有争。良枢有忧之。独予下源先灌四日，行之未几，上源告病。盖朝三起怒，而阳九必亢卒，不得其权变之术。乃循序放水，约为定期，示以示大信。如其旱也，听命于天，虽死勿争。①"

由于灌区工程管理与工程实际运行情况的不协调致使用水纠纷不断，为此官方加大了对灌区工程管理的力度，以重塑灌区水利秩序，维护"利益均衡"的局面，这其中也包括对灌区管理组织的改进。

作为政府与灌区用水户沟通的中介，灌区管理组织中的上层人员——堰首、监当起到了主力作用，他们将灌区用水户的共同利益反映给上级政府，影响政府对灌区管理的调整与把控。然而从上文可知明代上、下源间的配水问题始终存在着难以平衡的矛盾，单从下源保举上田户作堰首可能伤及中、上源的利益，因此明代出台了新的选举办法：

> "每一源，于大姓中择一人材德服众者为堰长，免其杂差，三年更替。凡遇堰概倒坏、水利漏泄，田户争水，即行禀官处

---

① [清]王庭芝编：《重修通济堰志》，侯荣川整理，收入《中国水利史典.太湖及东南卷》，中国水利水电出版社，2015，第254页。

治。每源各立总正一人，公正二人，分理事务。如有不公，许田户告. 小罚大革，三年已满无过，准分别旌异。^①"

明代的堰长，相当于南宋时的堰首。为平衡上、中、下三源的利益，明代采取从三源大姓中各择一名才德服众的人作为堰长的方法。堰长的职能是"凡遇堰概倒坏、水利漏泄，田户争水，即行禀官处治"，并在每年冬月农隙"令三源圳长总正督率田户逐一疏导"，即负责工程的巡查、报修与岁修，与南宋时"堰首"职能大致相同。

堰长之下有"总正""公正"做助理分理三源事务。原则上每源各1名总正、2名公正。总正主要负责岁修时协助各源堰长巡查报修，估计工价，劝支官银给匠修理，公正则负责收管修堰财务，催工督工，二者的职能相当于南宋时的监当与甲头。万历《修堰条例四则》中提到"修筑止许圳长、概首及里排公正者，听提督官调度，生员嘱托，申究豪强阻挠枷治"，也证明了"公正"一职在当年轮值的"里长"，即"里排"中选择^②。而明代的里长大多来自中等地主阶级，他们不仅是政府赋税征收的代理人，也兼具维持当地农业生产、水利事务之责，在当地有一定的权威性。从堰长、总正、公正的推选办法可知，明代对工程管理组织人员的选拔更重视任职者本身在当地的权威性，或要求出身大族世家，德才兼备，或是基层管理中政府的代理人，而没有田亩多寡的硬性规定。这种与乡村赋役系统紧密相连的灌区民间管理组织结构

---

① ［清］王庭芝编：《重修通济堰志》，侯荣川整理，收入《中国水利史典. 太湖及东南卷》，中国水利水电出版社，2015，第 255 页。

② ［清］王庭芝编：《重修通济堰志》，侯荣川整理，收入《中国水利史典. 太湖及东南卷》，中国水利水电出版社，2015，第 249 页。

体现了明代政府对灌区管理的介入性逐渐加强。

除堰长、总正、公正外，管理组织中还设立了"堰首"，其职责相当于概头或湖塘堰头，负责掌管灌区渠系大小概闸的启闭，"责令揭吊如法，放水依期"。明代"每大概择立概首二名，小概择立概首一名，二年更替"，担任堰首期间，可"免其夫役"。

堰首之下又设闸夫，相当于南宋时的"堰匠"，负责看管船缺、斗门和叶穴。与此前不同的是南宋时期的"堰匠"虽是专职人员，但只在工役时发放工食银两，日常开支依靠自家耕地，并不给予其他收入，这样就造成了"旧时斗门闸夫多用保定近民，往往私通商船，漏泄水利"的弊端。所以明代采取从保定村及三源各派一名闸夫，并给予租地，令其耕种，一年一更替。一方面来自三源的当值者为顾及自身或家族利益会相互监督，防止私放船只、泄露水利的情况发生，另一方面给予其租地也解决了非工役期间当值者的工食钱问题（图4-2）。

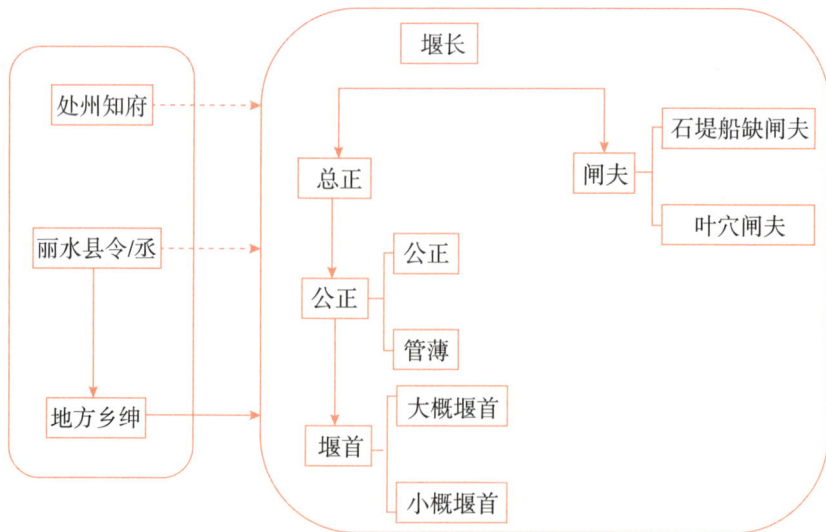

图4-2　明代通济堰管理组织结构示意图

明代管理组织体系的构建表现了三个特点：对管理层的人员选择与田亩等第制度分离，无论堰长、总正或公正都是乡村行政体系中的职役人员，在当地或是乡绅望族，或是里长，具备一定的权威性；堰长、闸夫需从各源择一，共同参与管理，实则是政府利用三源利益集团内部势力的相互牵制以达到灌区整体利益的均衡性，特别是在面对旱时灌区供水量与各源需水量分配无法同步的矛盾时，有三源选派代表共同协商分水问题可在一定程度上避免用水纠纷；所有用水户都有直接上告官府灌区组织成员管理失职的权利，实际上更加有利于官府对基层管理组织的把控与监督。

然而这种组织形式却因灌区人口数量增加、村落合并分化、耕种田亩盈缩等变化而受到冲击，特别是明中后期土地易手加剧，豪民隐占财产，各都里甲贫富不一，"有里甲共至十数丁，而田不过二三十亩者，有里甲共至百余丁而田或有四五百亩者"，这一明显差距使得建立在里甲制基础上的三源间利益牵制失去平衡[1]。官府为克扣雇役银，往往会选择支持并放权给灌区纳税大户，大多时候这些纳税大户也是当地的乡绅地主阶级，因此当里甲系统所发挥的赋役征派职能功能减弱时，以乡绅为主体的管理阶级逐渐取代了原有的组织形式，他们依凭自己在官府的特殊地位介入对水利灌区的管理[2]。

明中后期南方乡村基层社会有两个重要的变化：一是赋税制

---

① ［明］何镗：《栝苍汇记·食货纪》，《四库全书总目丛书》第七卷，第 86 页。
② 林昌丈：《水利灌区管理体制的形成及其演变—以浙南丽水通济堰为例》，《中国经济史研究》，2013 年第 1 期。

度的变更；二是乡绅阶层的崛起。随着田地买卖和人户为了逃避劳役而隐匿土地的行为日益频繁化，原有里甲派役的土地会在人户间发生转移，甚至出现混乱不堪的局面[1]。一条鞭法和摊丁入亩的改革，使明清以人户为单位的里甲制度走向瓦解，取而代之的是以图为地域单位，将图内人户按其居住村落组织起来进行赋税征收和劳役摊派的保甲制。在这一转换过程中，乡绅阶层凭借其特殊地位和文化背景逐步取代粮长、里长而成为官府与基层联系纽带的主体。明清的乡绅阶层主要由两方构成，上层为有官职，退休归故里的旧官员；下层为有功名但未获得官职的举人、贡生、生员、监生，他们在当地村族中享有很高的社会威望，并且拥有一定的政治地位。同时，乡绅士族因其有着一定的经济实力，往往也在地方基础设施建设上体现它的支配权。清代通济堰灌区管理中，乡绅士族为工程岁修筹划、督工、捐资，他们一方面代表着灌区民众的普遍利益与政府协调、沟通，一方面作为官方政策的宣传、实施者督促政策的执行、调解民众纠纷。因此，政府乐于通过乡绅阶层来实现对乡村基层组织的控制管理，这在清代初期就有了体现：如顺治六年（公元1649年）丽水知县方亨咸到碧湖劝农，乡间"父老"向他呈报修堰之事：

> "今春以劝农过其乡，吁乡之父老问劳焉。训利害，省疾苦，其父老首以修堰对……余首倡，与诸父老鸠工共成之。各都图凡食堰之利者，愿乐助其工，视有无为多寡，勿限其数。[2]"

---

[1] 侯鹏：《明清浙江赋役里甲制度研究》，博士学位论文，华东师范大学，2011，第164—165页。

[2] ［清］王庭芝编：《重修通济堰志》，侯荣川整理，收入《中国水利史典·太湖及东南卷》，中国水利水电出版社，2015，第259页。

又如，康熙十九年（公元 1680 年），栝西父老向丽水知县王秉义陈堰道之利，请求恢复此前因靖南王耿精忠叛乱而荒废的通济堰工程：

"幸邑侯王公保厘下邑，栝西父老相与指陈堰道之利。公慨然即以修葺为己任。何者宜筑、宜开，何者宜补、宜扦，擘画既定，遂捐俸为士民倡①。"

从文中两处"父老"的言行来看，他们应是熟稔当地乡情，具有一定社会威望，能与政府一同"鸠工筑堰"的乡绅士族，在灌区工程的建设中往往扮演者基层领导者的角色。康熙三十三年（公元 1694 年）的《刘郡侯重造通济堰石堤记》对乡绅士族参与灌区工程建设过程记载更详细：

"士民何源俊，魏可久、何嗣昌、毛君选等为首，率众于康熙三十二年癸酉岁七月十九日具呈本府刘，暨本县，随蒙刘郡侯轸恤栝西人民，慨然捐俸银五十两以为首倡，续厅张亦捐俸银六两，本县张亦捐俸银五两。传唤浚等至府筹度，即委经厅赵讳鍟于十月初九日诣堰所，即着每源佥立总理三人，管理出入各匠工食银两。每大村佥公正二名，小村一名，三源堰长各一名，到堰点齐。每源派佥值日公正二名、堰长三人，日日督工巡视。②"

这里提到了乡间士民为修堰之事呈报知府，且协助官府规划

① ［清］王庭芝编：《重修通济堰志》，侯荣川整理，收入《中国水利史典·太湖及东南卷》，中国水利水电出版社，2015，第 259 页。

② ［清］王庭芝编：《重修通济堰志》，侯荣川整理，收入《中国水利史典·太湖及东南卷》，中国水利水电出版社，2015，第 260 页。

水利工程维修的筹度工作。政府在修堰事务中是主持者与监督者，而真正执行计划的是以乡绅为领导的灌区民众。在工役期间每源各设总理3人，负责管理出入各匠工食银两；大村出公正2人，小村出1人，三源堰长各1名。所有公正按班轮值，每源派佥值日公正2名，与堰长一同督工巡视。

在这个体系中，由乡绅组成的总理代替了原来堰长的职责，成为灌区工程管理的总揽，这一现象在咸丰以后尤为明显。咸丰八年（公元1858年）、十一年（公元1861年）太平天国两度攻陷处州，清朝国力对县以下地区控制力已力不从心。为了维持地方治安，政府不得不加强与地方士绅的合作，鼓励绅权的发展。通过授予他们对灌区事务管理的合法权使国家的权力得以在基层延伸，并达到地方自治的目的。在这个背景下通济堰灌区以乡绅"董事制"为主体的管理组织模式应运而生。

以士绅组成的"董事制"的诞生对长期存在的望族、豪强势力有一定的控制力，此前以殷实之户择选堰首、堰长带来的一大弊病是若一些大族中的射利之徒为一己私利染指管理法规的执行，则中、下等用水户利益难以兼顾。如同治九年（公元1870年）《重修通济堰工程条例》中就写道：

> "查殷实之户，每不乐于承充；而射利之徒，又冀从中染指，善举废弛，皆由于此。"[1]

士绅以对乡村望族代表的推举权和决定权限制了一部分豪强士族的涉入，从而兼顾了小族、小姓与大族间的共同利益。但为

---

[1][清]王庭芝编：《重修通济堰志》，侯荣川整理，收入《中国水利史典·太湖及东南卷》，中国水利水电出版社，2015，第272页。

防止乡绅阶层出现同样的弊病，政府采取在董事的人员选择和民间管理组织结构的设定上加强内外监控的方式。自同治六年（公元1867年）起，政府每年从灌区乡绅阶层中保举派定3名值年董事总理堰务，负责所修租息收支各款立簿登记。值年董事下设轮值董事，分为甲、乙二班，原则上每源出3名，光绪时规定在堰务较为繁重的中源多派3名轮值董事，分别入甲、乙二班。然而实际修堰花名册中各源的轮值董事并不止这些，而是根据大小庄数、岁修工程量来派定，每年正月十二，甲乙两班结算移交，"分班轮值，以昭大公"①。

轮值董事间有相互监督、举报之责，"如甲年之董侵亏，即由乙年之董查禀究追。倘或扶同拘隐，事觉着赔迁，有大修之处先禀请勘，估办不得擅，便以杜冒销"②。岁修兴工时，又将保定至泉庄段通济堰渠分为十八段，每段有监修董事1名，各村庄又设监督董事1~2名，由堰长和公正担当，一来协助值年董事催工，巡查工程状况，二来也承担着监督值年董事的责任。

总理董事下又设有闸夫、概首、概夫。渠首设四名闸夫，负责看管堰身、闸口、斗门、巩固桥和石函，如遇损坏，闸夫需上报丽水县丞，经勘查后申详知府，委工修缮。光绪三十二年（公元1906年）设西堰公所后，所有堰务事宜，由闸夫向经董禀报，再由经董到碧湖西堰公所内驻守，并邀集各董会商举办。

渠首以下大小概闸的管理有"概首、概夫"，同治年《三源

---

① [清]萧文昭：《处州知府萧关于通济堰善后示谕碑》，收入《通济堰志》第二卷，清宣统刻本，第19—20页。

② [清]萧文昭：《处州知府萧关于通济堰善后示谕碑》，收入《通济堰志》第二卷，清宣统刻本，第129页。

大概规条刻》记:

"开拓、石刺、城塘各概各设概首一名,每岁由值年董事选举诚实可靠者保充。但恐照管不周,仍有居民擅自启闭及偷放情事,兹议每概雇募概夫一名,着令专管。每名每月在于岁修租内给谷一担,计三名。每年提谷三十六担,以作经理工食,倘有擅自启闭,偷放情弊,报明董事,转禀究办。轻则罚钱二十千文为修浚用。重则从严治罪,若概首、概夫受贿容隐,一并提惩。[①]"

概首由值年董事选举"诚实可靠"者保充,管理开拓概、石刺概、城塘概之启闭;每概再雇概夫一名,辅助概首看管大概和其余小堰,防止"居民擅自启闭及偷放情事"。与此前不同的是陈章、乌石概不再设专职人员管理,与开拓概东一样斗门,皆由其所在村落公正看管(图4-3)。

然而由于乡绅士族在堰务管理的中的权力过大,工程管理往往服从于他们的意志,如同治年间就有值年董事纪宗瑶私自改动城塘概闸尺寸以图水利,导致下游用水短缺,纷争不断。为限制诸如此类的事情发生,地方政府在放权于乡绅的同时也加强了对工程配水管理与修缮经费、堰岁租息开支的监督,每年的轮水时间依照碧湖县丞告示执行,对擅自违反者"除革退外提案经办,倘有不法之徒逾期越分科,众滋事,查明为首者发拿申解重办,

①[清]王庭芝编:《重修通济堰志》,侯荣川整理,收入《中国水利史典.太湖及东南卷》,中国水利水电出版社,2015,第268页。

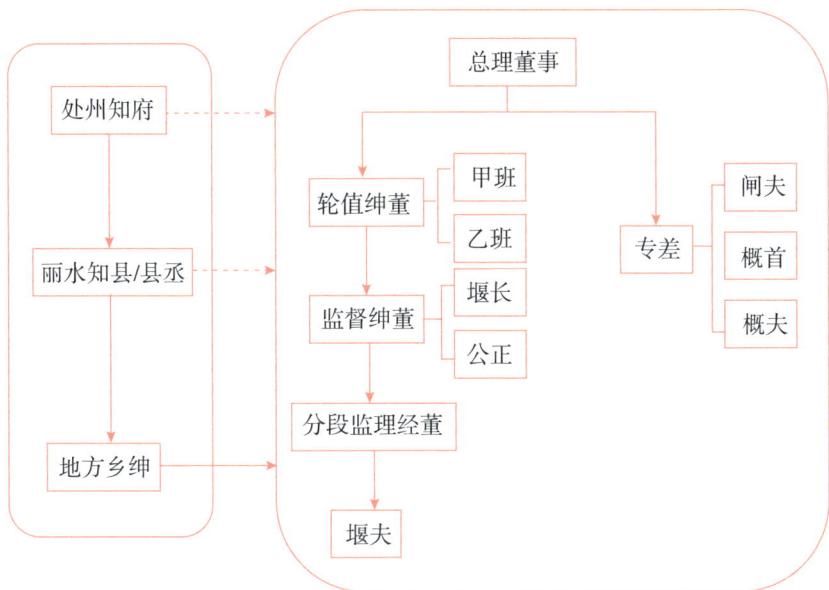

图4-3　同治年间灌区渠系组织结构示意图

为从者并究"①。在经费开支上厘定了《堰租开支章约》，所有经费需由碧湖县丞审批后拨收。

总的来说，清代"董事制"与明代"堰长—公正制"最大的不同是董事的出现削弱了堰长在基层管理组织中的权力，这一变化可以在一定程度上防止大族揽权干涉堰务，妨碍灌区利益的公平分配。在官权力所不能及的乡村基层，董事是政府与乡村基层群众沟通的中介，帮助政府在基层社会实现有序管理。然而随着光绪三十一年（公元1905年）科举制的废除，读书人的入仕之路完全关闭，乡村不再产生士人，也就没有了乡绅阶层②。乡绅士族的没落使得灌区工程赖以维持的基层社会管理组织结构被打破，

---

① ［清］朱丙庆：《朱县丞三源水利轮期告示》，收入《通济堰志》第二卷，清宣统刻本，第29—31页。

② 李宗涛：《清代的乡绅与乡绅之治》，中国法学网，2013年1月。

原有因共同利益而集结的个体单元、区域单元因此变得涣散甚至回到相对独立的状态。

三、近代管理体系的变革

民国灌区管理体系发展具有一定的承前性，清末的董事制在这一阶段以水利委员会的形式得到了延伸。清末光绪时，通济堰灌区形成了以董事制为基础的水利委员会，并设西堰公所。灌区水利委员会由各源代表组成，代表成员为当地田产殷实之户，在地方财政、名望上有着一定的权威性，政府通过对水利委员会会长的任命实行监督权。委员会下有堰田 170 亩，是为通济堰日常管理及岁修的开支来源①。

民国初年，全国改革省级行政，在各省设水利公署，待民国十五年（1927 年）浙江省建设厅成立后，农田水利事宜归建设厅掌管。浙江省建设厅内分五科一室，其中第四科为水利塘工。民国十九年（1930 年），建设厅成立农林局，下设农林农场，民国二十一年（1933 年）年改为农业改良农场（浙江省农科院前身），负责蚕桑、棉业、昆虫、稻麦、林业、园艺、畜牧和土壤肥料等农林专业改良试验，与农业生产息息相关的农田水利建设工作也由改良场一并负责。抗战爆发后浙江大部分地区沦陷，丽水作为抗战后方基地，大量省级行政管理机构迁至此地。1938 年，浙江省建设厅在松阳成立浙江省农业改进所，掌管全省农业事宜，下分总务股、农艺股、森林股、病虫害股、畜牧兽医股、推广股、农田水利股等 7 股，许葆珩为农田水利股第一任股长。又于松阳

---

① 钱金明：《通济堰》，浙江科学技术出版社，2000，第 57 页。

东阁街设立农田水利工程处，统筹水利工程事宜。当年通济堰大修章程，正是由灌区水利委员会上报农业改进所，农改所派农田水利处专员勘察，与水利委员会商定，并呈省建设厅核准后交予灌区水利委员会组织执行。在这一过程中，农改所派出的专员相当于历史上的督办的角色，还兼任专业技术工程师的职务。灌区水利委员会是工程建设的具体组织者和管理者。施工期间，委员会于原西堰公所（民国称"涵白堂"）成立征工总办事处，其下分设上、中、下三源征工办事处，并由政府派专业团队入驻，督办征工。

抗战胜利后，省级行政单位回迁，省级行政单位又进行改革。1946年恢复省水利局，原松阳县省农改所掌管的农田水利事项皆划归水利局。为大力发展农业建设，各地乡镇成立农业合作社，原管理通济堰的"水利委员会"也变为"有限责任丽水县通济堰灌溉利用合作社"，依旧承袭"董事制"之法，下设理事会，由12人组成，分理事会主席、经理、协理和理事，同时还建立了7人监事会，以便催收堰租，举办岁修。理事会下又设7名闸夫，专职管理堰首及干渠上大小斗门、拔沙门、开拓概、凤台概、石刺概、城塘概、三桥概这几处重要水工建筑。

清末到民国因为社会结构的变革导致乡绅阶级在农村社会权威性下降并逐步解体，取而代之的是各县、区级水利委员会（简称水利会）。通济堰水利委员会是根据民国十七年（1928年）根据水利局《浙江省各县水利协会组织通则》的指示而成立的地方水利组织，旨在协助政府在小型水利工程建设或大型施工中组织人员征工、租税征收和派定工段等事务。各县水利会组织由县农业推广所、农会理事会、参议会议长、地方水利工程或土木工作

专家以及地方公正、士绅参加。尽管它职能上类似于过去的灌区水利管理组织，但内部结构不再以地方乡绅为主导，而是由政府官员为主导，专家代表为技术主持。水利会是20世纪现代水利管理的一种尝试，它通过灌区民间代表参与水利事务管理的方式，将官方专业队伍与地方工程的岁修、经费开支、人员摊派、水费征收、用水情况等实际情况相联系，使得大型维修工程的实施与日常管理效率进一步提升。

四、当代水行政与灌区管理

中华人民共和国成立后，通济堰灌区管理回归政府。灌区仍设水利委员会，但成员的任选皆由区政府定夺。1950年通济堰新中国第一届水管组织"丽水县碧湖通济堰水利委员会"成立，水利委员会主任由区长兼任，共2名，委员15人、管理员9人，委员和管理员由灌区群众从用水户中推选，经区政府核实认定，分别负责水利技术、管理、财务等事宜。

1951年"丽水县碧湖通济堰水利委员会"更名为"丽水县碧湖通济堰管理委员会"，下设财经股、管理养护股、工程技术指导股等，在分工上更为明确，共25人。1962年又更名为"通济堰灌区委员会"，因堰区水利工作重心逐渐由建设向管理养护转移，撤销了原"工程技术指导股"，新成立"行政股""经济股"和"养护股"。

1968年，因高溪水库开建，扩大了通济堰灌区的灌溉范围，故将通济堰灌区委员会改名为"碧湖灌区水利管理委员会"，下设"通济堰灌区委员会"和"高溪水库灌区委员会"两个子委会。1986年，区政府又分别设立"通济堰管理站"和"高溪水库管理站"2

个工程专管机构。碧湖灌区1987年颁布的《碧湖灌区水利管理条例》章程第六条规定，政府设立的专管机构的主要职能是负责高溪水库、通济堰灌区渠首、总干渠以及新治河上重要水工建筑物的控制和维修，而工程的养护则由水利管理委员会组织全灌区人民群众合理负担[①]。碧湖灌区水利管理委员会下又设立平原、石牛、高溪、新合、碧湖五个水利分会，负责调解乡和乡之间的纠纷、审查财务等业务，以此将碧湖灌区的工程维修管理和工程养护管理职能相分离，实行分级管理（图4-4）。

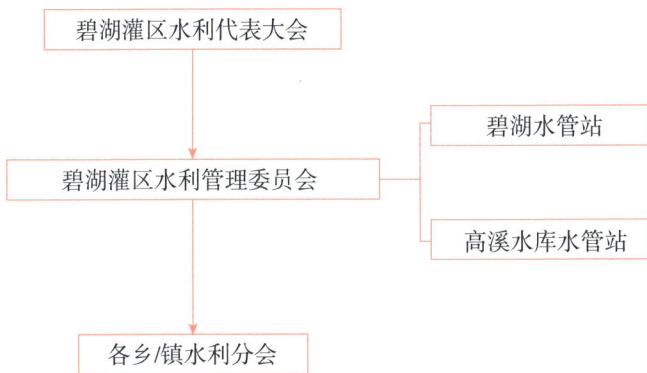

图4-4 20世纪80年代碧湖灌区管理组织结构示意图

碧湖灌区水利代表大会是全灌区最高的权力机构，每届碧湖灌区、镇水利管理委员会成员皆由水利代表大会选举产生。灌区委员会成员由1名主任委员、2名副主任委员和10名委员组成，其中主任委员一般由区长或副区长兼任，副主任委员从碧湖镇政府成员和当地水利管理单位成员中提名，10名委员分别负责碧湖镇、新合乡、高溪乡、平原乡和石牛乡5个水利分会的日常管理工作，1993年丽水撤区扩镇后，原碧湖镇、新合乡、平原乡、石牛乡合

---

① 钱金明：《通济堰》，浙江科学技术出版社，2000，第57页。

并为碧湖镇。针对灌区行政区域变化和管理范围的变更，在新的灌区管理组织章程中又增添了碧湖供电所和郎奇水库灌区 2 个水利分会，以适应生产发展和灌区管理的需要（见表 4-1 和图 4-5）。

表 4-1 　　　　　　　　当代灌区管理组织（机构）沿革

时间	管理组织（机构）名称	组织构成
1950—1951	丽水县碧湖通济堰水利委员会	主任—委员—管理员
1951—1962	丽水县碧湖通济堰管理委员会	主任—财经股—管理养护股—工程技术指导股
1962—1968	通济堰灌区委员会	主任—行政股—经济股—养护股
1968—1986	碧湖灌区水利管理委员会	正主任—副主任—专职技术委员—工程管理委员
1986—1993	碧湖灌区水利管理委员会—通济堰管理站	正主任—副主任—专职技术委员—工程管理委员
1993- 至今	碧湖灌区水利管理委员会—水利分会	站长—副站长—工程管理组—财务组

目前通济堰灌区水利事宜归莲都区水利局统管，水利局下设基层水利服务中心站（碧湖灌溉区管理处），主要履行制定规章、指导业务等水利行政职能。民间管理组织——碧湖通济堰水利管理委员会仍作保留，负责具体用水管理、岁修疏浚工程勘察等业务。为进一步完善基层水利管理服务体系，增强基层水利执行力，丽水市出台了全市基层水利服务体系改革试点方案，按照有机构、有人员、有制度、有支撑、有保障的水利基层公共服务体系建设目标，成立了丽水市莲都区城东水利服务中心站、城西服务水利服务中心站、大港头水利服务中心站、老竹水利服务中心站等几个水利基层站所，分别管辖两至三个乡镇（街道）水利工作，其中碧湖镇归大港头服务中心管辖，由此形成了基本建立了县（市、区）水利局水利管理总站——区域（流域）水利站——受益村（水

主任委员

副主任委员
- 高溪乡代表
- 水利管理单位代表

委员
- 各乡/镇代表
  - 新合乡代表
  - 平原乡代表
  - 石牛乡代表
  - 高溪乡代表
  - 碧湖镇代表
- 碧湖供电所代表
- 郎奇水库灌区代表

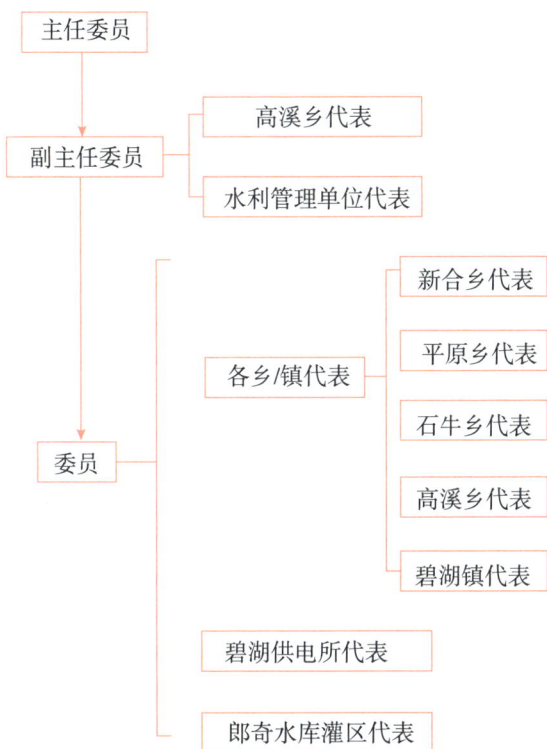

图 4-5 碧湖灌区水利管理委员会组织成员结构

管理协会、村级水务员、山塘巡查员）的管理体系。

随着碧湖平原供水体系的进一步完善，正常年份通济堰灌区可实现 24 小时不间断供水，但枯水年份除外。如 2022 年夏季，由于松阴溪上游电站下泄流量减少，通济堰灌片无法保证 24 小时供水，两座水库蓄水量减少，针对当时区域内灌溉水量减少的情况，灌区依然采用了分时段、分区域轮灌制措施，同时又在通济堰顶堆叠砂包临时加高拦蓄高程，协调河道上游电站低负荷运行少时泄流，多举措保障上游来水大部分引入碧湖平原，缓解阶段性缺水问题。从轮灌制的应用上，我们也能看到古往今来基层水利工程用水管理制度中的延续性。

第二节　历代工程管理

通济堰工程官督民办的管理模式也体现在岁修经费和人工物料的摊派方式上。至迟在北宋，政府就作为督办者的角色，负责拟订和审核岁修、募集经费与摊派劳役等工作。南宋范成大《通济堰规》更是以官文的形式将岁修组织确立为一套完整的规章制度。这套制度经过明、清两代的不断调整、增补而日趋完善。

一、工程岁修与养护

一般情况下，宋以后渠首、主干渠和主要控制工程的岁修由官府授权灌区管理代表组织用水户集体完成，而支渠以下则实行三源各庄分段包干制，依照受益情况有不同的经费摊派与工役形式。12 世纪是工程管理体系形成的重要时期，政和初年石函工程的建立，巧妙地分离了每年夏季影响通济堰渠正常引水的山溪，提高了工程的抗洪能力，使得灌溉利益得以稳定下来，这一进步成为灌区工程岁修制度建立的重要前提。随着工程形制的完善，岁修制度也逐步确立，每年例行修缮与养护成为灌区用水户共同的责任。

南宋乾道五年（公元 1169 年）的《通济堰规》确立了灌区最早的岁修制度。渠首枢纽是引灌的主体，引水口的高度、堰底高程，关乎灌区引水量。因此范成大规定每两年一岁修，于值年堰首任期将满前农隙之际向官府申请，获得批准后由堰首率三源民众开淘清淤，详见堰规第 16 条：

"自大堰至开拓概，虽约束以时开闭斗门、叶穴，切虑积累沙石淤塞，或渠岸倒塌，阻碍水利。今于十甲内，逐年每甲各桩留五十工，每年堰首将满，于农隙之际，申官差三源上田户，将二年所留工数，并力开淘，取令深阔，然后交下次堰首。①"

开拓概以下干支渠、湖塘堰也需定期开淘，由大小概头合报堰首及乘利人户，众田户分定各自负责范围，集中开淘。另外，开淘的深阔规格还需"各依古额"，不可随意更改。

由于渠首段的岁修直接关系到全灌区的断流与供水，明万历三十六年（公元1608年）重修堰规时对渠首段对岁修工期做了明确规定：

> "每年冬月农隙，令三源圳长、总正，督率田户逐一疏导，自食其力，仍委官巡视，若有石概损坏，游枋朽烂，估计工价，动支官银，给匠修理。毋致春夏失事，亦妨农功。②"

言下之意，渠首段的岁修应错开农耕用水季节，因此宜在每年冬季农隙时动工，春耕前完工。若遇上工程量较大的岁修年份，除各源田户"自食其力"摊派工款外，政府也会委官巡查，估计工价，动支官银。万历三十六年（公元1608年）大修通济堰时"浚渠掘泥之功取于民，而贾置木石及修理祠庙之费出于官"，又恐经费不足，于寺租官银中动支20两，余钱按三源计亩摊派③。

①［清］王庭芝编：《重修通济堰志》，侯荣川整理，收入《中国水利史典·太湖及东南卷》，中国水利水电出版社，2015，第254页。

②［清］王庭芝编：《重修通济堰志》，侯荣川整理，收入《中国水利史典.太湖及东南卷》，中国水利水电出版社，2015，第255页。

③［清］王庭芝编：《重修通济堰志》，侯荣川整理，收入《中国水利史典.太湖及东南卷》，中国水利水电出版社，2015，第249页。

明代政府重视加强对灌区工程管理的控制力度，其中岁修是主要环节。每年十一月岁修开始前，官府会先给出申示，不可随意更替时间，负责执行管理的堰长、公正及概首对动工时间、用木分寸，用石高低都需听提督官调度，如有特殊情况需"责取保认明年厉害关系"方可实施①。

清代的岁修时间与明代大致相仿，大致都从十一月朔开始，次年春耕前竣工。岁修分为申勘、查勘、安工、验收四步。每年的值年董事在岁修前将岁修事宜禀报州府衙门，经州府委官查勘后，召集值年董事商谈设计施工、工费开支事宜，再着碧湖县丞监督各村地保、总正、公正派夫上堰工作挑拨。岁修完毕还需申报官府验收，将详情记录在案以供查阅。

为了便于岁修期间施工管理，处州知府萧文昭在碧湖镇龙子庙司马祠后建西堰公所，规定施工期间"如有堰务事宜，由闸夫报明经董，由经董到碧湖西堰公所（涵白堂）内着驻守，邀集役夫，各董会商举办②。"

渠首以下工程，自保定庄塘埠桥起至泉庄下竹荡下干渠分为十八段，每段设一董事，督工一二名，担负岁修组织兴工、查勘报修之责③。泉庄下游至白桥渠道不分桩段，岁修期间由附近各庄各村用水户负责派夫挑拨，这样就形成了一套渠系分段维修管理制度，有利于工役的派定和责任的追查。为防止沿渠用水户私占渠道，侵犯堰界，值年经董、公正还需于每年岁修时分段丈量堰

① [明]樊良枢：《修堰条规四则》，收入《通济堰志》第一卷，清宣统刻本，第249页。
② [清]萧文昭：《处州知府萧为修堰善后建西堰公所》，收入《通济堰志》第二卷，同治庚午年重修本，第129页。
③ [清]朱丙庆：《朱县丞关于三源分段同修之告示》，收入《通济堰志》第二卷，同治庚午年重修本，第17—18页。

界并记录在册，对"堰边有碍修筑一切树木，务须按地段先自砍伐，并于个人自己田头插立标记"，并报官府归档，以便后世参照效仿、勘察监督①。

民国时期渠首岁修采用的是承包制度，由丽水县政府开标决定承包商，省属工程队派出驻地工程师先行勘测，工程的土方标准均照民国丽水第九区行政督查专员公署规定的《农田水利工程派工实施办法》执行。当地水利会负责丈量灌区受益田亩清册，依上、中、下三源受益情形分等级摊派工款，并按照保甲制度将三源十八段分给四十六保，按保派定工段施工。灌区水利会下还分上、中、下三源水利分会，施工期间成立征工总办事处，并由政府派专业专驻工次督办征工，这种由行政技术人员与水利会相结合的岁修组织形式有利于因地制宜地组织人员物料、把控施工进度等②。

然而，民国后期省政府回迁，水利建设投资偏向于沿海平原，丽水山区并不受重视，通济堰在很长一段时间内因缺乏维修经费而得不到有效管理。后受土地改革政策的影响，传统灌区用以承担岁修经费开支的堰田被政府征收，堰租无法收取，灌区管理经费拮据，岁修彻底中断。直到 20 世纪 60 年代以后灌区岁修才步入正常轨道。彼时全国各地掀起农田水利建设高潮，为恢复通济堰灌溉效益，政府对通济堰灌区采取了按受益面积摊派贷款的方法收取水费用于工程的损坏修补与养护。在每年秋季征粮后，水利委员会就着手动员、准备岁修各项事宜，入冬即发动民工，依

---

① ［清］黄融恩：《丽水县知县黄修堰兴工示》，收入《通济堰志》第二卷，同治庚午年重修本，第 14 页。

② ［民国］徐家瑗：《丽水通济堰工程》，《浙江农业》，1939，第 18—20 页。

据修复工程的大小难易程度定出修理标准，采取分段分工包干制分批实施。堰首至主干渠，以及各处闸门划分为 15 个管理区域，分别责任到 19 个农业社，岁修费用则从每年水费中拨给。渠首以下工程范围影响在一乡、一村之内的，则分别由本乡、本村组织维修；跨向的工程由上一级管理机构官吏维修，或由主要受益单位出面组织，其余受益单位共同承担任务。

通济堰不断发展完善的岁修制度有效地保证了工程效益的延续，但事实上岁修制度是否执行、执行效果都会受到当时社会、政治、经济背景的影响。在一些情况下，工程受到外力破坏或年久失修，则需要更大的人力、物力来组织大修或抢修。大修或抢修通常发生在以下几种情况：因社会环境影响工程年久失修，工程难以发挥灌溉效益；因自然灾害，工程部分遭受严重损毁，需要在用水高峰季前抢修；为稳固工程或扩大灌溉效益，在工程技术上进行改进或更新。民国以前大修或抢修的主持者大多是州县府衙官员，民国以后，则由当时的水行政管理部门负责把关。由于大修或抢修需要集中投入更多的人力、物力、财力，在没有政府专项拨款和水费收入的情况下，光依靠堰租是不够的，在这种情况下，地方管理者会组织倡捐活动，即拉拢豪门捐助、官府带头倡捐、用水户乐捐、按亩摊派增资等形式筹集。如道光八年（公元 1828 年）知府黎应南修保定朱村亭堰堤款项均由三源受益田户乐捐而来，共筹集经费八百二十千零；同治四年（公元 1865 年）知府清安大修通济堰时，由岁修堰租得三百余缗不足，则以三源受益水田按田亩、等级分摊筹资（表 4-2）。大修工程时间仍限制在一个秋末至次年春耕前的农隙时进行，可集中时间调用大量的劳动力。

表 4-2　　　　　　　　北宋至清末通济堰大修/抢修概况

	时间	主修、监修	经费来源	内容	资料来源
北宋	明道元年（公元1032年）	主修：县令叶温叟	不详	工程全局	关景晖《丽水县通济堰詹、南二司马庙记》
	元祐七年（公元1092年）	主修：知州关景晖　监修：县尉姚希	不详	修复水毁堰坝，疏浚干、支渠，重建詹、南二司马庙；筑叶穴	关景晖《丽水县通济堰詹、南二司马庙记》明《丽水县文移》
	政和初年（公元1111年）	主修：知县王禔　督修：叶秉心	募田多者输其营	在主干渠与泉坑交汇处建"石函"一座，旁开"斗门"以走暴涨	叶份《丽水通济堰石函记》
南宋	乾道五年（公元1169年）	主修：郡守范成大　监修：军事判官张澈	按秧把敷钱，由堰首拨给	修复堰堤、斗门及开拓概、石刺概、凤台概、城塘概、陈章概等，疏浚渠道	《丽水通济堰规题碑阴》
	开禧元年（公元1205年）	主修：何澹	调洪州遣散兵3000人	改堰首拦河坝为砌石坝，并在坝上增设斗门，以利走船舟；开洪塘3顷79亩	项棣孙《丽水县重修通济堰记》
元	至顺初年（公元1331年）	主修：中顺公翰罗蒽　监修：先尹卞瑄	官府拨款	堰首拦河坝及主要干、支渠，复旧观	叶现《丽水县重修通济堰记》
	至正二年（公元1342年）	主修：县尹梁顺　监修：知府韩斐	官府倡捐，并按三源田亩计集赀市木石充用细	重修堰首拦河坝，以巨松为基，上甃大石，并加宽坝基十尺；修复斗门，疏浚渠道	项棣孙《丽水县重修通济堰记》

	时间	主修、监修	经费来源	内容	资料来源
明	永乐九年（公元1411年）	经工部批准，主修不详	不详	疏通上下游渠道	《明史·河渠·直省水利》
	嘉庆十一年（公元1532年）	主修：知府吴仲 协修：知县林性之 赞修：监郡李茂 监修：主簿王伦	府库拨款，并按用水户受益田亩摊派集资	修复水毁石坝，疏浚渠道，恢复通济堰旧制	李寅《丽水县重修通济堰志》
	隆庆四年（公元1571年）	主修：县令孙娘	不详	修复隆庆二年、三年水毁大坝，疏通堰渠	同治《丽水县志》
	万历四年（公元1576年）	主修：知府熊子臣 协修：知县钱贡 监修：主簿方煜	费寺租银三百余两	重修堰首大坝，使堰南垂纵二十寻，深二引；堰北垂纵十寻，深六尺许；疏浚渠口及主干渠	何镗《丽水县重修通济堰记》
	万历十二年（公元1584年）	主修：知县吴思学 协修：同知俞汝为 监修：主簿丁应辰	地方官捐资百金	修复水毁大坝，创堰门，疏浚支渠36处	郑汝璧《丽水县重修通济堰记》
	万历二十五年（公元1597年）	主修：知县钟武瑞 赞修：知府任可容	拨寺租银二百二十两	修筑堰首石坝南崖	明《丽水县文移》

160

	时间	主修、监修	经费来源	内容	资料来源
明	万历三十六年（公元1608元）	主修：知府樊良枢	拨寺租官银二十两，并从三源之民每亩出银三厘为工匠费	修复水毁石坝，置换崖头大石；疏浚石函以复其故；置换叶穴闸板及各概游枋；修整石概；疏通渠道；修葺龙王庙，增造前楹	车大任《重修通济堰记》明《丽水县文移》
			用水户捐资	重修金沟堰	樊良枢《丽水县修金沟堰记》
	万历四十七年（公元1619年）	主修：知府陈见龙 监修：冷仲武	搜郡帑可资经用者得若干金	重修水毁堰堤	王一中《重修通济堰记》
清	顺治六年（公元1649年）	主修：知县方亨咸	用水户捐资费金万缗	重修堰首石坝、疏浚渠道	方亨咸《重修通济堰引》
	康熙十九年（公元1680年）	主修：知县王秉义 监修：典史钱德基	捐俸为士民倡	全面疏浚渠道，修复被损设施	王继祖《重修通济堰志》
	康熙三十二年（公元1686年）	主修：知府刘廷玑 监修：经厅赵鍟	地方官捐资，经费不足之处按每亩受益农田派银五厘筹集	造水仓修复水毁堰首石坝四十七丈；三十三年重建龙王庙	《刘郡侯重修石堤记》
	康熙三十九年（公元1700年）	主修：温处道刘廷玑 监修：经历徐大越	以受益田每亩派银八厘筹集	修复水毁石坝二十七丈	《刘郡侯重修石堤记》

续表

时间		主修、监修	经费来源	内容	资料来源
清	康熙五十八年（公元1719年）	主修：知县万瑄 监修：典史王荆基	照亩公捐，田户乐助	重修水毁石坝，重建叶穴，疏通渠道	《丽水县修浚通济堰重建叶穴记》
	雍正三年（公元1725年）	主修：知县徐（名佚） 监修：处州总镇、城守	碧湖广福寺僧延修捐银十两	修复水毁石坝、叶穴	《丽水县修浚通济堰重建叶穴记》
	雍正七年（公元1729年）	主修：知县王钧 赞修：郡侯曹抡彬	不详	修复雍正六年水毁堰首石坝	《丽水县修浚通济堰重扦叶穴记》
	乾隆三年（公元1738年）	主修：知县黄文维	不详	重修水毁石坝	《丽水县修浚通济堰重扦叶穴记》
	乾隆十三（公元1748年）	主修：温处道吴□□、知县冷模 督修：值年公正	按亩摊派，所用民夫每名三分工	修复乾隆八年水毁石坝	《丽水县修浚通济堰重扦叶穴记》
	乾隆十六（公元1751年）	主修：知县梁卿材 协修：邑绅举人林鹏举、岁贡汤炜	拨普信、寿仁二寺租田岁修	修复乾隆十五年水毁石坝及保定高路堰渠堤岸	《丽水县修浚通济堰重扦叶穴记》
	乾隆三十七年（公元1772年）	主修：知县胡嘉栗	按田亩派捐，并补府库存银	重修堰堤，疏通渠道	韩克均《重修处州通济堰碑记》

时间		主修、监修	经费来源	内容	资料来源
清	嘉庆十八年（公元1813年）	主修：知府涂以辀 协修：知县邓炳纶 监修：县丞杜兆熊 督修：绅董叶郢	用水户捐田，并由西堰户岁修经费项下补给	修复水毁堰堤	韩克均《重修处州通济堰碑记》 涂以辀《重立通济堰规》
	道光四年（公元1824年）	主修：知府雷学海 协修：知县范仲赵 监修：县丞崔进 督修：邑绅叶云鹏等	西堰户岁修经费	重修通济堰堤坝、全面疏通渠道	道光《丽水县志》
	道光八年（公元1828年）	主修：知县黎应南 督修：三源董事魏承等	用水户乐捐出资，共经费八百二十千零	修复朱村亭边堤岸一百六十余丈，疏浚石函斗门前泥沙壅塞	黎应南《重修通济堰记》 叶楚《捐修朱村亭堰堤乐助缘碑》 光绪《处州府志》
	道光二十四年（公元1844年）	主修：知府恒奎 协修：知县张铣 督修：三源绅董郑耀等	三源董事捐缘劝助	修复道光二十三年水毁堰首石坝、叶穴，并对石函及各大概闸进行检修，全面疏浚渠道	恒奎《重修通济堰记》
	同治四年（公元1865年）	主修：知府清安 赞修：知县陶鸿勋 监修：县丞金振声	岁修堰租三百余缗，加三源受益水田按亩分摊，共用一千二百五十四文	自斗门起疏浚渠道，并将石函之函面石板全部改为雌雄缝铺设，用铁水浇固	清安《重修通济堰记》

	时间	主修、监修	经费来源	内容	资料来源
清	光绪二年（公元1876年）	主修：知府潘绍诒 协修：知县彭润章 监修：县丞董任谷	知府潘绍诒筹款	重修叶穴，碎石子易冲刷，用石板更换叶穴闸门	光绪《处州府志》
	光绪三十二年（公元1906年）	主修：知府萧文昭 协修：知县黄融恩 监修：县丞朱丙庆	地方官乐捐、田亩按等级摊捐	规复石坝，以治病原；补石函、修叶穴、疏渠道	《处州知府萧委绅董兴修通济堰记》

　　通济堰无固定大修周期，但单从民国以前大修情况来看，朝代更替之际往往是工程兴废起伏的波动段。当一个朝代衰落时，工程所在区域的大环境就会面临动荡，政府对基层地区的控制力减弱，导致乡村社会秩序出现混乱，而以此为基础的农田水利工程管理也面临无序或被一方势力把持的状况；当一个新朝建立时，通常会采取鼓励农业，恢复和兴修农田水利工程的方式发展农业生产。如上表所示南宋建立后的 11 年，适逢中兴四将节节击退金军之际，偏安临安的南宋王朝政局相对稳定，为江南水利工程的兴复提供了天时地利，通济堰在此期间形成了完整的灌区工程体系和科学有效的工程管理规范。

　　因而，一个王朝，抑或一方区域内的社会政治经济状况，对工程管理的有效性具有决定性影响。对于一项官督民办的水利工程来说，官府是否参与或是否有能力参与，往往成为工程兴废的晴雨表。历史上一些水毁工程隔数年才有维修：如康熙二十五年

（公元 1686 年）丽水洪灾，冲毁石坝四十多丈，丽水大旱八年，直到康熙三十二年（公元 1693 年）才有官府组织修复；又如康熙五十三年（公元 1714 年）因连日大雨，松阴溪水暴涨，冲毁通济堰坝，工程灌溉功能尽废，丽水西乡五年被旱。康熙初年"三藩之乱"靖南王耿精忠发动的"闽变"致使丽水地区沦陷，民为战事所困，通济堰年久失修，直到三藩平定后方得官府出资修复。又如咸丰年间太平天国起义，曾两次攻陷处州，碧湖平原是当时主战场的必经之地，通济堰灌区受到极大破坏，战后灌区一度缺少财力、物力修缮工程，直到同治四年（公元 1865 年）才请拨官银修复。与此相似的还有雍正三年（公元 1725 年）、乾隆十三年（公元 1748 年）、乾隆三十七年（公元 1772 年）、嘉庆十八年（公元 1813 年）、同治四年（公元 1865 年），几次大修都是在工程遭受大幅度破坏后的几年之后。

通济堰灌溉效益能够持续千年，除历朝历代不断维修加固外，更离不开日常养护。南宋时，范成大规定堰首需日夜巡查，对堰概破损、渠岸坍塌、渠道淤积等情况及时进行报修处理，重要概闸、斗门，以及石函、叶穴、船缺处酌堰匠专门看守。明清时，无论圳长、公正，还是值年绅董都与南宋时堰首一样，对通济堰的各个关键节点工程及干、支渠都有巡视、主持修缮之责。而为了巩固堤岸，日常巡查管理也尤其重要。使渠道保持一定深宽，做好泥沙的防控，一般有两种措施：通过工程措施减少泥沙入渠量，例如石函和叶穴，前者将渠道与汛期含沙量较大的泉坑水分离，后者凭借天然地势落差，雨天时开闸泄洪，利用水力冲走渠底淤沙；采用定期淘沙挑淤的方法防止渠道、斗门堰口泥沙淤积。嘉庆十八年（公元 1813 年）厘定的《通济堰新规四条》中提到"斗门堰口每逢山水暴涨即被沙淤，向年定规，传令上、中、下三源乡夫挑拨。[①]"
为解决堰口挑沙问题，特设闸夫四名，拨松阳田地予以耕种，并
由官府出资每年发工食银二十四两，用作大水过后岁修挑沙的雇
夫支出，规定"后遇大水时，责令闸夫就近雇备壮夫数名，俟水
稍退，各用铁锸铁、耙等件，将沙顺水推入大溪。[②]"同治时期还
将通济堰从保定庄到泉庄段干渠分为十八段，每段监董不但负责
大修、岁修时督工，也承担日常巡查维护、及时报修之责。每段
监理人员姓名都由值年经董上报官府记录在册，便于管理失职时
的责任追究。这种分段管理的方式将每段包干给沿岸用水村庄，
有利于提高用水户保护各自段内工程的积极性。20 世纪 80 年代灌
区新管理条例出台时，仍以"分段包干"的方法制定工程日常护
制度：灌区渠首、主干渠及其上重要分水概闸由当时的灌区管理
组织——水利委员会负责管理维护，全灌区用水户统一负担。而
主干渠以下各支渠、小概闸由附近村庄管理养护维修。跨村级工
程由多个受益单位共同承担养护任务。禁止渠道内或渠岸肆意种
植树木，也是保证堤防安全稳固的重要环节，这一问题在南宋时
就得到了明文规定。范成大堰规中提到"其两岸并不许种植竹木。
如违，依使府榜文施行"，各庄湖塘不准私自圈地，围作私田、
侵占种植，塘湖堰首各自包干区域有监察之责，如违不查，"即
同侵占人断罪，追罚钱一十贯，入堰公用"，即是认识到了随意
种植竹木对堤防的破坏性，同时为了保证通水量和行洪安全，也

---

① [清] 王庭芝编：《重修通济堰志》，侯荣川整理，收入《中国水利史典·太
湖及东南卷》，中国水利水电出版社，2015，第 264 页。
② [清] 王庭芝编：《重修通济堰志》，侯荣川整理，收入《中国水利史典·太
湖及东南卷》，中国水利水电出版社，2015，第 264 页。

不许用水户随意占堤^①。但事实上，历史上因人地关系紧张，侵占河堤、渠道现象屡见不鲜。如清道光八年（公元1828年），知府雷学海所述"近因渠身久未淘挖，居民日渐垦种及占盖寮房"，可见，抢占耕地与灌溉渠道的矛盾始终存在，尽管政府及灌区管理者一再命令禁止，却无法杜绝田户滥占耕地这一现象。直到新中国成立后，农田水利保护法、防洪法、浙江省河道管理条例颁布，与之相关的法律制度逐步完善，这一现象才有所减少。

二、工程维修经费管理

秦汉以前，大部分水利工程的兴建都依靠国家力量拨款，管理上体现了自上而下的行政模式。但是到了唐宋时，国家经济重心转向江南，南方出现了大量官督民办的中小型农田水利工程，管理权力下放到地方州县。公元6世纪时通济堰的建造也离不开国家经费的支持，但此后一段时间内没有相关的管理记载，直到11世纪北宋政府开始参与管理后，主持工程维修、募集经费成为地方行政长官的职责之一。岁修的工程经费和劳动力是由灌区承利田户以劳役的形式获得，灌区上田户推选可靠的代表，官府发放利收工与田秧等第赤历授以管理权，并通过年度审核的方式进行监督，管理者需将该年度的用工情况与经费开支都明确记录在堰簿。

从工程维修的形式上来分，灌区经费支出有每年固定的岁修、养护经费和不定时的大修、抢修经费。日常的岁修经费与劳动力组织都取之于民，明清以后堰租开支纳入地方政府审批范围，但

---

① [清] 王庭芝编：《重修通济堰志》，侯荣川整理，收入《中国水利史典．太湖及东南卷》，中国水利水电出版社，2015，第250—254页。

逢大修年份经费除堰租外，还以"按亩（户）摊派"或官府倡捐、乡绅乐捐的方式筹集。具体有以下几种方式：

（1）按亩派捐：受社会经济、赋税制度等因素的影响，历代灌区按亩（户）派捐筹资的方法大约经历了"按每户秧把数敷工——受益田亩均摊——按亩择壤派捐——按田亩受益水源择壤派捐"的演变过程。宋代是通济堰灌区管理体系的形成期，北宋政和元年（公元 1111 年）县令姚希立规按每户秧把数派工出资，到南宋范成大制定堰规时已出现较多的城中地主与乡村土地分离的现象，因而乾道五年（公元 1168 年）的《通济堰规》中又根据城郭和乡村每户在灌区持有的秧把数分工敷钱：

> "每秧五百把，敷一工。如过五百把有零者，亦敷一工。下户每二十把至一百把，出钱四十文足；一百把以上至二百把，出钱八十文足。二百把以上敷一工。乡村并以三分为率，二分敷工，一分敷钱。城郭止有三工以下者，并敷钱。其三工以上者，即依乡村例，亦以三分为率，每工一百文足。如有低昂，随时申官增减。[①]"

这是针对宋代灌区田户与土地的依附关系不对等现象而对摊派方式做出的调整。范成大认为无论城市乡村，按秧把数敷工银较为妥当。敷工数以 500 把每工为单位，不足 500 把者以资充补，对远居城郭但在灌区持有土地所有权者以 3 工为界，3 工以下敷钱充补，3 工以上按灌区乡村例敷工（表 4-3）。

---

① ［清］王庭芝编：《重修通济堰志》，侯荣川整理，收入《中国水利史典．太湖及东南卷》，中国水利水电出版社，2015，第 251 页。

表 4-3　　　乾道五年（公元 1169 年）通济堰规按秧把出工费数额表

秧把数（n）	敷工数	敷钱	备注
n ≥ 500	1 工 /500	100 文 /500	乡村 3 工以上者，二分敷钱，一分敷工，每工 100 文；城郭 3 工以下并敷钱，3 工以上按乡村例
200 ≤ n < 500	1 工	100 文	
100 ≤ n < 200	不敷工	80 文	
20 ≤ n < 100	不敷工	40 文	

明代万历以后国家赋税制度改革，推行张居正的"一条鞭法"，即将田户关系与土地关系实行按亩收税。受此影响，通济堰灌区经费也由原来的按秧把出工变为按亩摊派：

> "前后会计，大约浚渠掘泥之功取于民，而贾置木石及修理祠庙之费出于官，合再申请将本年寺租官银动支二十两，尤恐经费不足，仍从三源之民每亩愿各出银三厘，以为工匠之费，则财力易办，而旬日可成，缘因兴复水利事宜。[①]"

据《丽水县文移》对万历三十六年（公元 1608 年）大修前请拨经费记载，除置办供料与修理祠庙由政府出资外，其余疏浚、修缮工费按三源承利田户每亩出银三厘筹集。三源各置印信簿一扇，签公正一人，掌管明记修概公费、工匠之出入。清代税制摊丁入亩以后，所有工费都按每庄受益田亩数额征收派捐，并且根据各庄不同的土地等级，派捐金额也有所不同。同治四年（公元 1865 年）的《重修通济堰工程条例》可作为清代灌区按亩派捐情况的代表（表 4-4）。

---

① [清]王庭芝编：《重修通济堰志》，侯荣川整理，收入《中国水利史典．太湖及东南卷》，中国水利水电出版社，2015，第 247 页。

表 4-4　　　　　　　　同治年间灌区三源按亩派捐金额表 [1]

三源	总受益亩数	田地等级	倡捐金额（文）
上源	10069	上田	200
		中田	160
		下田	100
中源	10069	上田	160
		中田	100
		下田	60
下源		上田	100
		中田	60
		下田	40
总捐款数（文）			1200785
前遗留数（文）			396254
总计（文）			1597039

　　按亩摊收过程中，三源按轮水先后、土地优劣各分三等，每等田亩收取经费都有固定标准，得水先之上等田所需缴纳的堰税是最高的，而处于轮水下游的下源下等田只收40文每亩（表4-5）。清代嘉靖以后，国家财政持续性贫困、官僚机构松弛，政府对乡村地区的控制能力减弱，因此岁修经费主要来自乡村基层自发自觉的按亩摊捐，摊捐分类也更为详细。不仅将官田、民田、寺观公田都列入了灌区按亩摊派的征收范围，还按各源田地受水来源等级划分田亩次第，按亩科则等派捐 [2]。

---

　　① ［清］王庭芝编：《重修通济堰志》，侯荣川整理，收入《中国水利史典·太湖及东南卷》，中国水利水电出版社，2015，第269—271页。
　　② ［清］黄融恩：《丽水知县黄修堰兴工示》，收入《通济堰志》第二卷，清宣统刻本，第14页。

表 4-5 　　　　　　光绪三十二年（公元 1906 年）灌区按亩派捐金额

三源	受水源	田地等级	捐洋数额（角）
上	受大堰水	上田	2.0
	受大支堰水	中田	1.6
	受小支堰水	下田	1.0
中	受大堰水	上田	1.6
	受大支堰水	中田	1.0
	受小支堰水	下田	0.6
下	受大堰水	上田	1.0
	受大支堰水	中田	0.6
	受小支堰水	下田	0.4

（2）堰田租谷：堰田租谷是以堰公田租谷开支作为工程维修经费的一种方式。堰田分多种来源，或官府拨金租借，或乡绅捐助，或以堰公款购买而得，或由违反堰规的田户缴充罚款而得，田产所收部分租谷用于临时派夫或维修管理经费的恒定来源。如明代万历三十六年（公元 1608 年）拨租措南山圩田给看管渠首堰堤、斗门的闸夫耕种，田产出额以充役食工费[1]。有时堰田并不在灌区范围内，但所收计租仍纳入堰户名下。清嘉庆十八年（公元 1813 年）知府涂以辀立西堰户名，将乡绅乐捐及惩罚充收土地纳入西堰户名下，所收堰租为工役期间乡夫饭食开支之用。表 4-6 显示西堰户坐东乡之田就有 136.9 亩分，由西堰户下田户承包耕种并完纳田亩租谷、地屋租银以入堰公用。

---

[1]［清］王庭芝编：《重修通济堰志》，侯荣川整理，收入《中国水利史典．太湖及东南卷》，中国水利水电出版社，2015，第 254—255 页。

表 4-6　　　　　　　　西堰户之田坐东乡实征官斛租数目表 [1]

土名	坵段	亩分	计租谷石	土名	坵段	亩分	计租谷石
卢衙东塘口	3	1.2	1.2	叶墩西本	6	9.3	12.8
西塘口	34	11	12.32	新坟后	1	0.8	1.28
西塘下	5	2.7	3.0	溪下水田	1	0.8	1.08
大坂	8	12.5	12.35	澍垟水田	2	2.7	3.97
门前本	3	3.8	3.8	双桥水田	4	3.5	3.04
黄塘何家山田	16	5.9	5.9	叶墩水田	1	1.1	1.1
水口圩田	4	3.0	3.0	蛙蟆坑门前	2	3.5	3.3
社后寺后亭	4	6.0	8.65	黄毛庄梁塘	1	0.8	0.9
西坂	3	4.2	6.28	黄毛坟后	13	13.5	12.3
石碛路	2	1.6	2.04	汉塘口水田	3	1.9	1.9
中塘水田	1	1.8	1.5	青林坂地改田	2	2.0	2.5
龟头窟	2	3.6	5.31	青林坂地	1	0.5	租银 3 钱
步里岗	4	6.0	8.9	青林坂地	1	0.3	2 斗
上堰堋水田	1	1.5	2.7	东地后地	1	0.2	租银 1 钱 1 分
奚渡朱烟墩	2	2.6	3.4	田宝圩地	1	0.3	租银 5 钱 4 分
关下横堰	7	6.0	8.45	社后门前地	1	0.9	租银 4 钱 2 分
大猫坟田	1	0.8	0.7	寺后亭地	1	0.2	租银 1 钱 1 分
央沟墩	2	1.2	1.2	龟巷□地	5	2.7	租银 2 两 1 钱 3 分

①［清］朱丙庆：《通济堰各庄田租土名坵段碑》，收入《通济堰志》第二卷，同治庚午年重修本，第 22—23 页。

172

土名	坵段	亩分	计租谷石	土名	坵段	亩分	计租谷石
东门坑	3	4.0	5.58	关下油车前后地	2	1.6	租银 8 钱
高路水田	1	0.5	0.7	关下片地	1	0.4	租银 2 钱 5 分
关下前田	1	1.5	2.37	叶墩后地	3	1.3	租银 8 钱 8 分
叶墩村头	1	1.2	1.8	社后地	1	0.2	租银 2 钱
油车边	1	1.4	1.94	三角圩地	1	0.8	租银 4 钱 2 分
梁塘沿	1	1.2	1.2	八亩园地	1	2.4	租银 1 两 1 钱 3 分
共计	坵段	166		亩分	136.9		
	官斛租谷	137 石 5 斗 7 升		地屋租银	7 两 2 钱 9 分		

表 4-7　　　　　通济堰田坐西乡实收租谷数目表

坐西乡各庄实征乡桶租数土名坵段			
坵名	坵段	塘数	亩分	计租谷石
堰头龙王庙后田	7	1	6	12
共计	7	1	6	12

通济堰户之田地租数土名坵段					
坵名	坵段	乡桶焦租谷（石）	坵名	坵段	租银 1 两 2 钱 5 分
保定庄季宅后地	1	2 石整	高路下圩地	1	租银 1 两 2 钱 5 分

通济堰费户之田租数土名坵段							
坵名	坵段	计租谷石	计纳焦租谷（石）	坵名	坵段	计租谷	计纳焦租谷（石）

周村杨毛坟田	1	4	1石5斗	同处后岗田	2	4	1石5斗
均溪、里珑等田	4	无	7石5斗				
共计	7	8	10石5斗				

西堰庙费户之田租数							
土名	坵数	计租额（石）	实纳焦谷	土名	坵数	计租额	实纳焦谷（石）
毛田上坂	2	1.5	1.4	杨山潭圩田	1	0.5	0.4
中坂水田	2	3.0	2.7	白坛下山田	1	3.0	2.7
大四水田	1	1.0	0.9	张山杨公岗	1	3.0	2.4
共计	8	12	10.5				

开拓概户之田租数					
坵名	坵段	计乡桶焦谷	坵名	坵段	计乡桶焦谷
前林西河水田	1	6石	同横堰水田	1	3石6斗
金村桥头田	1	2石4斗			
共计	3		12石		

西堰岁修户新旧田地租数					
土名	坵数	纳乡桶焦谷	土名	坵数	纳乡桶焦谷（石）
砝埠庄百湾水田	2	3.2	洪塘西田（一）	2	4.5
蒲塘庄莲塘堰田	3	5.5	南垅圩田	1	2.3
保定庄吕庵前	1	2.4	周项枫树垅	1	2.7
岱头水田	1	（燥）3.6	丹水田	1	（燥）1.5
郭山边田	1	（燥）2.1	平地皇思前	2	1.0

外堰水田	2	1.5	龙窟垅顶田	5			（燥）3.0
水磨后水田	6	1.8	泉庄大路地	2			租银1两2钱
洪塘西田（二）	2	3.6	泉庄祠堂边（屋）	半座			租银6钱6分
共计	垧数	32	屋数	半座	焦谷数	38.7 租银	1两8钱8分

松邑西堰岁修户之田租数

垧名	垧段	计乡桶焦谷	垧名	垧段	计乡桶焦谷
堰头庄过坑田	1	4石5斗	大林源招垅田	1	3石5斗
垧名	垧段	计乡桶焦谷	垧名	垧段	计乡桶焦谷
大林源毛垅田			1		3石整
共计	3		11石		
西乡共计	乡桶租谷	99石4斗整	地屋租银		3两1钱1分

表4-8　　　　通济堰新旧粮额户名

时间	户田	垧数	塘数	共计亩数	完纳户
乾隆以前	堰头庄龙王庙后田	7	1	6亩	粮人坐松邑二十六都堰头庄龙王庙户完纳
	保定庄季宅后地	2	无	1亩1分7厘3毫3忽	粮人坐丽邑十七都保定庄通济堰户完纳
乾隆二十年（公元1755年）	三十二都卢衙庄寿宁寺	无	无	62亩4分9厘8毫6丝1忽	粮人坐丽邑十七都保定西堰户完纳
	三十都社后庄普信寺	无	无	78亩8分5厘7毫	

时间	户田	圲数	塘数	共计亩数	完纳户
嘉庆二十年（公元 1815 年）	十五都上保庄叶伦元户田	无	无	4 亩 3 厘	粮人坐丽邑十七都保定庄通济堰费户完纳
嘉庆二十四年（公元 1819 年）	十都里河庄吴钧户田	无	无	3 亩 7 分 7 厘	
嘉庆二十年（公元 1815 年）	十七都魏永迪户田	无	无	5 亩 5 分 1 厘 5 毫 6 忽	粮人坐丽邑十七都保定庄西堰庙费户完纳
同治五年（公元 1866 年）	郎奇庄户田	无	无	4 亩 5 分	十五都中保庄西堰岁修户完纳
同治六年（公元 1867 年）	石榴都南山庄陈仁彪田	无	无	1 亩 9 分 9 厘 1 毫	
同治九年（公元 1870 年）	十七都魏村庄魏裕丰户	无	无	5 亩 6 分 3 毫	粮人坐十七都概头庄开拓概户完纳
	十五都上保庄户				
光绪三十三年（公元 1907 年）	十七都保定庄吕礼荣、吕停云二户田	无	无	14 亩	粮人并收，十五都中保庄西堰岁修户完纳
	松邑二十六都堰头庄吕户田	无	无	4 亩 9 分	二十六都堰头庄通济堰岁修户完纳
光绪三十四年（公元 1908 年）	九都泉庄徐周堂、十都上地徐造二户田	无	无	2 亩 6 分	十五都中保庄西堰岁修户完纳
共计亩数	195 亩 4 分 3 厘 7 毫 7 丝				

表 4-9　　　　　　　通济堰每年应完粮户银米总录

户名	银额	秋米	源自
十七都保定庄西堰户	12两3钱4分2厘	1石8斗9升7合	寿宁、普信二寺所拨西堰之租
十七都保定庄通济堰费户	6钱8分2厘	1石零5合	嘉庆二十年叶维乔、里河吴钧二户所捐之田
十七都保定庄西堰庙费户	4钱8分2厘	7升4合	魏村生员魏有琦捐助之田
十五都中保庄西堰岁修户	1两8钱4分	2斗8升3合	郎奇周圣谟、南山陈张宝及保定、泉庄等四户捐助之田
十七都概头并开拓概户	4钱8分9厘	7升5合	魏村魏林元捐助之田
十七都保定庄通济堰户	1钱3厘	1升6合	龙王庙先年旧管土名季宅后之田
二十六都堰头庄龙王庙殿户	4钱8分1厘	无	龙王祠现年旧管交闸夫耕种之田
二十六都堰头庄通济堰岁修户	4钱4分1厘	无	保定吕得麟拨助之田
共计应完粮户	16两8钱6分	3石3斗5升	

上述诸表显示了清代灌区根据开支对象及租税完纳户划分的堰户类型与田产细节。西堰户下分西堰岁修户、松邑西堰岁修户，此外还有通济堰户、通济堰费户、西堰庙费户、开拓概户，各堰户所收租谷用途不一，但都由堰董立簿统一登记，年终册报于县丞，再由丽水县丞将堰租金额报府查核，以杜冒销（表 4-7、表 4-8、表 4-9）。

（3）募捐：募捐有乐捐、倡捐等形式。倡捐大多为官府出告示或带头出资，要求灌区受益户捐资捐田。大修时堰租经费不够，经常需要募捐来补足，如北宋政和初年（公元 1111 年）修石函三洞桥时"募田多者输钱其营"①；万历十二年（公元 1584 年）知县吴思学倡捐百金抢修水毁大坝；万历二十六年（公元 1598 年）知县钟武瑞捐资倡修斗门②；康熙三十二年（公元 1686 年）知府刘廷玑倡修重建水毁石坝，先以政府官员捐资倡导，经费不足处再按田亩分派之法从民间集资③。光绪三十二年（公元 1906 年）大修三源堰渠时，有处州知府、丽水知县、松阳知县带头捐廉，并向三源倡捐，所参捐者有来自三源的乡绅富户和工商业体户，这些捐款金额与用途之后都记载于《光绪丙午冬大修三源堰渠捐助堰工芳名录》禀报在案，并以榜示报告三源田户④。

表 4-10　　　　　光绪丙午冬大修三源堰渠捐助堰工明细

捐助者	金额（元）	来源	用途
处州府正堂萧公	100	官捐	未说明
丽水县正堂黄公	100	官捐	未说明
松阳县正堂赵公	100	官捐	未说明
府宪萧拨粥厂（节省）	280	工商业体户捐	未说明
旧童林时雨等橄旧（余积）	300	工商业体户捐	未说明
丙午年租谷（余洋）	188	堰租结余	未说明
丁未租谷变价	300	堰租结余	凑贷款
九龙庄纪云南	30	个人乐捐	捐助堰工

---

① [清]王庭芝编：《重修通济堰志》，侯荣川整理，收入《中国水利史典．太湖及东南卷》，中国水利水电出版社，2015，第 234 页。

② [清]王庭芝编：《重修通济堰志》，侯荣川整理，收入《中国水利史典．太湖及东南卷》，中国水利水电出版社，2015，第 238 页。

③ [清]王庭芝编：《重修通济堰志》，侯荣川整理，收入《中国水利史典．太湖及东南卷》，中国水利水电出版社，2015，第 260 页。

④ [清]朱丙庆：《光绪丙午冬大修三源堰渠捐助堰工芳名录》，收入《通济堰志》第二卷，清宣统刻本，第 34 页。

捐助者	金额（元）	来源	用途
保定吕得麟	400	个人乐捐 捐拨租田	
泉庄潘氏	50	个人乐捐	捐助屋地
保定吕族	10	个人乐捐	助岩山石价
三源亩捐	653	摊派	
总计	2511		

表 4-10 中除官府倡捐和三源摊派亩捐外，还有少数款项为三源用水户乐捐。与此相同情况的道光八年（公元 1828 年）也曾出现过，捐款芳名录载于《捐修朱村亭堰堤乐助缘碑》。从明代万历以后，政府的财政控制力就开始走下坡路，清代康乾盛世时期，政府财力又一度回升，因而彼时大部分维修经费还都出自府库拨款。但到了咸丰年间，浙江地区受到太平天国的重创，清政府对南方乡村的把控已力不从心，没有了政府拨款，灌区维修所需经费基本来自西堰岁修户与乡绅捐资。这些乡绅富农因田产等自身利益与灌区水利绑定在一起，要求有一个相对稳定的农田水利环境以保证正常农业生产，因此他们对灌区管理的维持、工程的维护持有积极态度，而政府在自己独木难支的情况下也希望与既具地方权威，又有殷实资产的乡绅集团合作。

然而，乡绅集团大量介入管理自然而然带来绅权、豪强特权的泛滥，不免出现一些乡绅为了一己私利滥用职权、抢占土地，或肆意改造控制关键性分水设施。当时灌区堰户下公田账目含混不清，侵占堰田，虚报、谎报堰田额数的现象频频发生，为重整水利秩序，光绪三十二年（公元 1906 年）知府萧文昭下令逐一清

查堰田新旧粮额户名，土名坵段及所需缴纳租谷数，统计所得共有堰田195亩4分7毫7丝，并颁定堰租开支约章及十二条工程善后事宜，并勒石内详以供后世效仿。然而此后这一成果并未被有效利用，随着清政府的灭亡、乡绅集团的解体，通济堰的管理也再度陷入混乱之中。

（4）罚钱充公用：为了维护工程的正常运行，增加管理透明度，维护工程管理"利益均摊"的基本原则，政府与民间管理组织一直在试图建立防患徇私舞弊情况发生的规章制度。自从12世纪灌区建立了以三源为单位的水利共同体，各代管理者原则上都以三源共同利益为出发点拟定管理条例，各源选派实力相当的上田户作为各区利益的代表，甚至在一开始为了灌区用水分配时最大限度地考虑到下源利益，规定了只能推选处于配水弱势的下源中田户当选堰长（首），以确保灌区利益最大化。然而，依然有地方乡绅富民、豪强因一己私欲或抢占堰水，他们或管理不当泄露水利，或虚报堰工逃税漏役，打破了这种利益平衡。为此，政府通过立碑、发布告示等形式建立起了一系列乡规民约，对某些违规行为施以罚钱、罚田等惩戒措施，所罚之钱皆入堰公用，有树威立信之用，对维护灌区水利秩序至关重要。如南宋《通济堰规》19条堰规中有5条就有对类似的惩罚性条款：

"堰首：所有堰堤、斗门、石函、叶穴，仰堰首朝夕巡察，如有疏漏倒塌处，即时修治。如过时以致旱损，许田户陈告，罚钱三十贯，入圳公用。

甲头：遇催到工数抄上，取堰首佥人。堰首差募不公，致令陈诉，点对得实，堰首罚钱二十贯，入堰公用。

堰工：如违，许田户陈告官司。勘磨得实，其掌管人轻重断罪外，或偷隐一文以上，即倍罚，入堰公用。

湖塘堰：或有浅狭去处，湖圳首即合报圳首及承利人户，率工开淘，不许纵人作捺为塘，及围作私田，侵占种植，妨众人水利。湖塘堰首如不觉察，即同侵占人断罪，追罚钱一十贯，入堰公用，许田户告。

堰簿：擅与人户关割，许经官陈告，追犯人赴官重断，罚钱二十贯文，入堰公用。[①]"

元明两代基本承袭南宋堰规。到了清代，又对相关惩戒措施予以增补，甚至申明对妨碍堰务、侵占堰基等行为轻则要张贴告示、处以罚款，重则会施以枷刑。如同治年间规定：

"倘有擅自启闭，偷放情弊，报明董事，转禀究办。轻则罚钱二十千文为修浚用，重则从严治罪。若概首、概夫受贿赂容隐，一并惩罚。[②]"

果真有违反者，如同治五年（公元 1866 年）灌区下源石牛庄任芝芳占用堰基为田，被判罚钱 2000 文充作修堰经费[③]。同治八年（公元 1869 年），有魏村居民在开拓概私行闭枋、开石，"罚捐田五亩"以入堰公用[④]。

---

①［清］王庭芝编：《重修通济堰志》，侯荣川整理，收入《中国水利史典.太湖及东南卷》，中国水利水电出版社，2015，第 250—254 页。

②［清］王庭芝编：《重修通济堰志》，侯荣川整理，收入《中国水利史典.太湖及东南卷》，中国水利水电出版社，2015，第 267 页。

③［清］王庭芝编：《重修通济堰志》，侯荣川整理，收入《中国水利史典.太湖及东南卷》，中国水利水电出版社，2015，第 275 页。

④［清］王庭芝编：《重修通济堰志》，侯荣川整理，收入《中国水利史典.太湖及东南卷》，中国水利水电出版社，2015，第 278—279 页。

如上，支撑灌区用水户生产经济的灌溉工程，需要建立起长期有效的水利秩序以维持工程效益的可持续性，因而对维护灌区水利秩序的管理者更需要严格的监督，于是罚款成为一种警诫手段。这既是为提醒管理者履行各自职责，不应满足豪强权贵的利益而徇私舞弊，也是为灌区公共性工程建设留出了一条资金来源通道。

三、工料与劳动力组织

清以前的工料和劳动力组织大多靠灌区用水户按秧把或田亩数摊派，南宋开禧元年（公元1205年）之前修缮渠首拦河坝的主要材料是木筱，因而专设"堰山"以供工程修缮时砍伐。堰规中对上下工时间和工料规格都有严格的安排：

"遇兴工役，并仰以卯时上工，酉时放工。或入山砍筱，每工限二十束。每束长一丈，围七尺。至晚差田户交收。一日两次，点工不到，即不理工数。[①]"

监督此规定执行情况的是值年上田户的监当。每日由甲头催工抄数，监当早晚点数，所有执行情况都记载于堰簿，供堰首与官府审核查阅。这种人工物料的组织方法一直为后世沿用。清代赋税制度改革后，庄、图成为赋役系统中的基本单位，因此大修时每源每庄按受益田面积大小和受益水源派定工数（表4-11）。

---

① [清] 王庭芝编：《重修通济堰志》，侯荣川整理，收入《中国水利史典·太湖及东南卷》，中国水利水电出版社，2015，第250—254页。

表 4–11　　　　　康熙三十九年（公元 1700 年）三源各庄每日派夫数 [1]

三源范围	村庄	每日派夫	村庄	每日派夫
上源	魏村	12	采桑、下汤	8
	金村、岩头、义埠街	3	山峰	12
	周项、新溪、下梁、箬溪口	10	霞岗	5
	概头、汤村、杨店	10	保定	2
	碧湖上中下三保	18	吴村	3
	共计	83		
中源	峰山、朱村、大陈、里河	18	河东、周村	10
	上黄、上地、西黄	7	赵村	5
	资福、后店、张河	7	横塘	12
	白河、下概头、章塘	10	上阁、下河	12
	共计	81		
下源	纪叶、周刘、下叶	16	泉庄	15
	季村、张庄、塘里、土地、窑缸村 7 任村			3
	蒲塘、纪店、下陈	11	石牛	5
	郎奇、白桥、黄山	6	赵村、下堰	6
	共计	69		

三源总计每日派夫数 233 人

康熙三十九年（公元 1700 年）刘廷玑重修渠首拦河坝时共派堰夫 233 名，其中像魏村、碧湖、山峰（又名三峰）、泉庄这样的大村耕地面积大，使用主干渠或大支堰水灌溉的村庄出工数也多，而金村、岩头、义埠街这样位置较偏离主干渠，使用小支堰水灌溉的村落出工数则较少，有时是几个村庄合力派夫。同治以前，

①［清］王庭芝编：《重修通济堰志》，侯荣川整理，收入《中国水利史典·太湖及东南卷》，中国水利水电出版社，2015，第 260 页。

主干渠沿线保定村隔岗民田是不许车水灌溉的，因此逢三源修堰时，保定村只需派 1 ~ 2 名柴火夫助董事招待堰工饭食。所有上工人员需自带铁耙、畚箕、扁担等件，辰到酉歇，县丞根据每日点到情况发放工食银两，倘乡夫有推诿不力，到工迟延者，立予惩儆。

到同治五年（公元 1866 年）修三源堰道时，将保定庄下塘埠桥到白口泉庄村下干渠分为十八段，每段沿岸各庄需按亩计工，派夫上工。每村有公正 1 ~ 2 名负责督工，值年监董负责对各段施工质量进行把关。不同渠段有不同的施工标准、掏渠宽深，因此每段都有编号押签，登记在册，保证包段到位，查责有应①。

除三源摊派外，一些专职的闸夫、堰夫是有固定收入的，他们的收入来自堰产。但他们堰产所出，也需承担固定杂役支出和岁修专职人员经费补贴支出。如嘉庆时渠首堰夫在松阳县有堰田 6 亩，每年官府还从堰租中支给 24 两供闸夫雇备堰工，每遇大水后闸夫可自雇壮夫 10 名帮助挑沙疏浚，如工役较复杂所需人力超过 10 名，则需报官审核，10 名之外的雇工费用由官府着人亲勘审批后补足②。有时，堰匠人手不足时则"邻封求大匠，附近役丁男"，有缙云、青田过来的木匠，其饭食工钱仍由堰租岁修经费下拨给③。

物料征集与劳动力一样，以按亩出资为主要形式，除上工堰

①［清］王庭芝编：《重修通济堰志》，侯荣川整理，收入《中国水利史典·太湖及东南卷》，中国水利水电出版社，2015，第 280 页。

②［清］王庭芝编：《重修通济堰志》，侯荣川整理，收入《中国水利史典·太湖及东南卷》，中国水利水电出版社，2015，第 263 页。

③［清］王庭芝编：《重修通济堰志》，侯荣川整理，收入《中国水利史典·太湖及东南卷》，中国水利水电出版社，2015，第 260 页。

夫需自带锄头、铁耙等工具外，有时还需准备箅皮、竹篾自制水仓。若逢特殊情况，则需灌区的大户支持。如元至正二年（公元1342年）重修堰首大坝时因旧时堰山被封，何氏家族无法开采木材，只有依靠"巨室乐效材"征集修筑堰基所用巨松木[1]。

不论是宋代的按秧把出工，还是元、明的按户出工，或是明后期至清代按亩出工，通济堰管理的工费征集都遵循了"按利均摊"的基本原则。然而精英阶层始终是实施这一原则的主导者，尤其是清代摊丁入亩政策执行以后，普遍通过兴工期间"有钱出资、无钱出力"的方式来维持灌区各源的共同利益。

第三节　灌区用水管理

通济堰灌区纵贯整个碧湖平原，其用水涉及村际间、上下游间的分配管理问题。每年农历五六月是灌区水稻栽插季节，水稻生长期内稻田必须保持一定深度的水层，此时灌区用水陡增，遇上松阴溪少水年份，若有工程损毁漏水，或有大户豪强肆意筑塘蓄水等情况，灌区则易出现旱情，中、下源用水纠纷由此而来。为防止这些现象发生，除保证工程有效供水外，统一的用水调度也十分必要。在官督民办的管理模式下，政府通过对配水设施、轮灌制度的制定与调控体现其权威性和监督性，而地方精英是制度实施的实际操控者，他们的权力平衡对灌区的水利秩序影响重大。

---

① ［清］王庭芝编：《重修通济堰志》，侯荣川整理，收入《中国水利史典．太湖及东南卷》，中国水利水电出版社，2015，第236页。

一、灌区用水分配的工程与非工程措施

本书第三章已介绍了通济堰的工程体系，它是一个由各大、小概闸、湖塘组成的灌溉工程，依靠概闸启闭，对不同区域、时空的水量进行蓄泄调度。其中，对整个灌区三源配水起关键作用的概闸有开拓概、凤台概、石刺概、城塘概和陈章塘概。各概的大小、尺寸以及启闭配合和轮水时间对各源获得的水量至关重要。南宋范成大所制定的标准满足了当时灌区的用水需求，然而随着农业生产的扩大，人口增多，用水需求量在不断变化。影响水量分配的因素分为工程与非工程两大类。具体如下：

（1）河堰失修、渠道淤塞，阻碍正常引水。元代初期，受战乱与铁器限制等政治影响，通济堰年久失修，堰首石坝溃决，渠道淤塞，因此"下源之民争升斗之水者，不啻如较锱铢"①。而少水渠段部分用水户则会采取拦河筑堰，违规高扎，或私开陂塘，车水入塘的办法来保证一己私欲，清代堰规中特别说明上源主干渠段用水户如"临期不车，过期强车"者，按阻挠公事例治罪②。

此外，流经地区人口较少的大堰，是岁修或大修工程的"盲点"。明代《丽水县文移》中就提到保定东南"三源大堰附近人烟沙石淤塞，或壑或防，浅深不一"，以至于渠道淤积严重，渠底高于大溪水平面，渠水外泄，加剧了旱时的缺水现象③。

① [清]王庭芝编：《重修通济堰志》，侯荣川整理，收入《中国水利史典.太湖及东南卷》，中国水利水电出版社，2015，第236页。
② [清]王庭芝编：《重修通济堰志》，侯荣川整理，收入《中国水利史典.太湖及东南卷》，中国水利水电出版社，2015，第267页。
③ [清]王庭芝编：《重修通济堰志》，侯荣川整理，收入《中国水利史典.太湖及东南卷》，中国水利水电出版社，2015，第245页。

（2）影响水量分配的关键性工程缺少或坏损。石函和叶穴又是主干渠上的两个关键性工程，二者的完损关系到整个灌区引水顺畅与否的问题，其中石函三洞桥是主干渠段确保泉坑水不影响堰渠畅通的立体交叉分水工程。石函修建以前主干渠常被泉坑水冲毁，主干渠以下引水受到严重的制约，有石函后，干渠引水不再受汛期山洪影响，而灌区之民"方得其利"[①]。因此历代都强调石函"为通济堰咽喉最关紧要"，应当"加力扦深，使水得以蓄泄，免兹涸竭之虞[②]。"

叶穴在石函下游，其主要功能是在汛期排泄主干渠多余的水量，倘叶穴失修至冲损，水利泄露，则会影响到整个灌区的引水量。因此，北宋起就在叶穴特设闸夫一名，凡遇倒坏，即行通知堰长禀官修治[③]。明代对于封闸以后有放船泄水之举的，经查实会解府重处施行[④]。如遇叶穴被洪水冲毁，则需在春耕前对其进行抢修。道光二十四年（公元1844年）在3～6月春耕季动用大工抢修叶穴，即是典型案例。

（3）控制分水的概闸尺寸或启闭时间不合适。明代《丽水县文移》描述"其造概也，有广狭高下，木石启闭之，各殊其用。其分概也，有平木、加木，或揭，或不揭之，各得其宜。其放水也，

---

①［清］王庭芝编：《重修通济堰志》，侯荣川整理，收入《中国水利史典.太湖及东南卷》，中国水利水电出版社，2015，第234页。

②［清］王庭芝编：《重修通济堰志》，侯荣川整理，收入《中国水利史典.太湖及东南卷》，中国水利水电出版社，2015，第270页。

③［清］王庭芝编：《重修通济堰志》，侯荣川整理，收入《中国水利史典.太湖及东南卷》，中国水利水电出版社，2015，第250页。

④［清］王庭芝编：《重修通济堰志》，侯荣川整理，收入《中国水利史典.太湖及东南卷》，中国水利水电出版社，2015，第255页。

有中支三昼夜、南北支亦三昼夜之限，轮揭有序，灌注有时，三源各享其利而不争，三时各安其业而不乱"。明代对控制分水量的关键概闸工程有严格的尺寸要求，要求"修概用木，分寸用石，高低听提督官遵古制较量，敢有争竞者究，工匠作弊着究[①]。"然而南宋古制终究不能照搬全套，明代时灌区用水结构发生很大变化，按照传统轮水制度配水致使三源纠纷不断。彼时政府对分水制度和分水工程做过多次调整，但最终也没能找到适宜的方法。直到清代同治时期，知府清安大修通济堰时，尝试对开拓概中支游枋放低一尺，并加平木一根，以保证每年三月初一大斗门上闸后，南北中支能够平流，而到轮水期时，中支与南北二支渠分高下，这次调整可谓如愿解决了几代人的用水烦恼，三源纠纷渐少[②]。

船缺的启闭，也关系到灌区引水量问题。通济堰拦河坝上的过船缺是为瓯江水运所留，船缺开启时，上游水位下降，进入通济闸的水量也会受到一定影响。因此，范成大规定当水运与灌溉冲突时，灌区首先应当满足灌溉用水，每年三月春耕开始后，就必须下闸关闭船缺，以保证有足够的水源进入堰渠。明代叶穴、大斗门也有过船之用，灌区内的一些大渠也可通船，历代堰规都将灌溉用水作为优先考虑，规定旱年轮水期间不许私自开闸放船通行以泄水利。如闸夫私通船商，则有相应的惩戒措施。

（4）渠道被非法侵占。民国二十七年（1938年）大修通济堰

---

①［清］王庭芝编：《重修通济堰志》，侯荣川整理，收入《中国水利史典.太湖及东南卷》，中国水利水电出版社，2015，第247页。

②［清］王庭芝编：《重修通济堰志》，侯荣川整理，收入《中国水利史典.太湖及东南卷》，中国水利水电出版社，2015，第267页。

时发现堰渠大半被野荷花和周围居民的耕地占用，类似的情况至今仍有发生。早在清代就有规定，民房、耕地需与堰界保持一定距离，不得冒占据为己业，但在管理涣散的年代这些乡规民约的权威性也大打折扣，成为影响水利工程运作效益的关键因素之一[①]。

二、"三源轮灌制"的运行模式与发展

为保证春夏间灌溉用水，完整、合理、有序的轮水制度是保障三源利益均衡分配的前提基础。最早在灌区推行轮灌制度的是范成大在乾道五年（公元 1168 年）确立的"三源轮灌制"，这套制度有效地解决了旱期对有限水源的公平分配问题，后世在此基础上进行了不断调整和不断完善。

南宋处州知府范成大创立的"三源轮灌制"根据各村农田地理位置、地形地势与渠系分布关系将灌区分为上、中、下三源，以开拓概为三源配水的起点，通过开拓概、凤台概、石刺概、陈章塘概和城塘概的启闭配合，在旱时将有限的水资源进行合理分配。彼时尚无规定严格的开始日期，只是在干旱年份实施轮灌，以开拓概、城塘概为界，上源 3 日，中下源共 4 日。范氏《通济堰规》中记录了对用水分配中起关键性作用的几个大概标准尺寸和启闭时间（表 4-12）。

---

①[清]王庭芝编:《重修通济堰志》,侯荣川整理,收入《中国水利史典.太湖及东南卷》, 中国水利水电出版社,2015,第 275 页。

表4-12　　　　　　南宋通济堰渠五大概闸尺寸及配水范围 ①

概名		渠口宽度	现代尺寸（米）	配水范围	轮水时间
开拓概	南	一丈七尺五寸	5.54	上源	三昼夜
	北	一丈二尺八寸	4.05	上源	
	中	二丈八尺八寸	9.12	上、中源	
凤台概	南	一丈七尺五寸	5.54	中源	三昼夜
	北	一丈七尺二寸	5.44	中源	
石刺概	–	一丈八尺	5.70	中源	
陈章塘概	东	一丈八寸二分	3.42	中源	
	中	一丈七尺七寸半	5.62	中源	
	西	八尺五寸半	2.70	中源	
城塘概	–	一丈八尺	5.70	下源	

按上表梳理情况看，开拓概是通济堰干支渠分水的起点，分南、北、中三支。其中中支最大，渠口宽二丈八尺八寸（约9.12米），控制了中、下源可分配水量。南、北二支略窄，控制上源各庄的可配水量。所有概闸启闭皆以开拓概为准：

　　"内开拓概遇亢旱时，揭中支一概，以三昼夜为限，至第四日即行封印。即揭南北概，荫注三昼夜，讫，依前轮揭。如不依次序，及至限落概，概首申官施行。其凤台两概不许揭起外，石刺、陈章塘等概，并依放开拓概次第揭吊" ②。

　　开拓概、石刺概、陈章塘概和城塘概都采用了石闸或木叠梁闸，只有凤台概使用的是平水石。因此在轮灌期内，凤台概无须变动。宋代轮水制以先保证中、下源灌水为先，前三日"揭（开拓概）

　　①此表尺寸采用沈括"今尺"标准，一尺合今31.65厘米。
　　②［清］王庭芝编：《重修通济堰志》，侯荣川整理，收入《中国水利史典.太湖及东南卷》，中国水利水电出版社，2015，第251页。

中枝一"，水顺流而下至凤台概，从凤台概开始分成两派，一派往西北陈章塘概去，一派北下至石剌概、城塘概。陈章塘概、石剌概又各分三闸，仿照开拓概法，先开启中支概闸，让渠水下注中支以下各级渠道；自第四日起，闭开拓中概，水分开拓南、北二支，灌溉上源各村农田。再闭中支概闸，开旁支，分灌沿途农田，这是宋代三源轮灌制运行的基本机制，为此后各代沿用（图4-6）。各渠之间，有湖塘相连，宋代灌区有大型湖塘6座，分别为横塘湖、何湖、汤湖、白湖、赤湖、李湖，湖与湖间都相互沟通，形成一片水柜。在湖塘进水口、出水口设有堰闸，起到了储水、调节水量的作用。

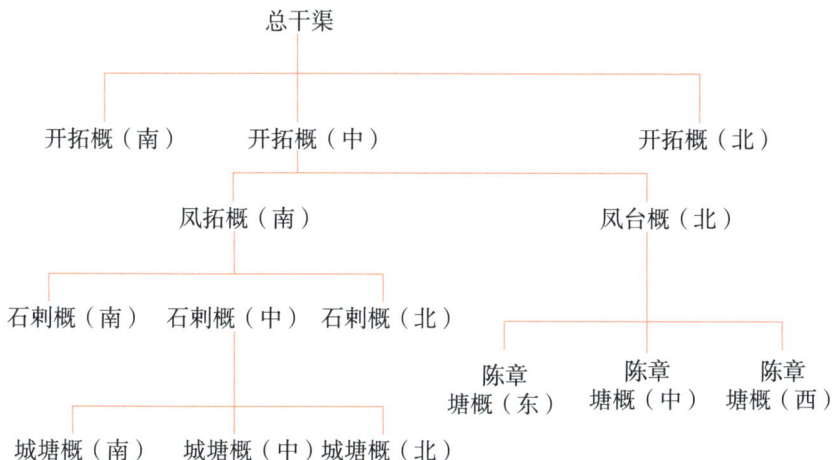

图4-6　南宋三源轮灌配水流程

明代开始出现具体的轮水起讫时间，时间定在每年的六月初一，由正印官同水利官亲自出面，经过一系列祭祀礼仪后封闭斗门，宣布轮水期开始。万历三十六年（公元1608年）的《丽水县文移》中，记录了当时对各大概闸尺寸、用材、启闭时间和轮水周期的规定：彼时因下源用水量增加，轮水周期调整为上源3日，中源3

日，下源 4 日。

每年六月初一开斗门引水后，先灌上源，开拓概闭中支游枋，渠水受壅托漫过南、北二支概，分灌上源东西各庄；当轮灌中、下源时，揭起中支游枋，南、北二支下灰石概，则水尽归中支渠道，南、北二支水不流。开拓概中支以下是凤台概，凤台概不用游枋大概，而采用平水木，可将水壅高灌溉周围农田，多余的水可从其上漫过流至下游。凤台概平水木的大小尺寸对其下游引水量有着重要影响。凤台北支而下至今下概头村处又有陈章塘概；凤台概南支以下又有石剌概，石剌概下又有城塘概，通过这些概闸间不同的启闭配合，可以控制中、下源轮水期内的水量分配（图4-7）。

为保证"揭闭不爽时刻，而木石不失分寸"[1]，明代灌区设立了专职人员负责日常巡查漏损及时报修和轮水期闸门的启闭事宜，开拓概、城塘概、陈章塘概、石剌概处各立一概头[2]。为防止上源保定村民以公谋私，还特金三源闸夫各一名以协助和监督保定闸夫管理堰堤斗门。

明中期以后处州人口大幅度增长，到清代同治年间处州人口数量由宋代的 68 万增加到了 86 万，这对碧湖平原的农业发展与水利灌溉效益提出了更高要求。明、清两代灌区的管理者一直在尝试寻找新的轮水模式以适应不断发展的生产要求，这在同治年间的《三源大概规条刻》中可窥一斑：

"旧制开拓概中支广二丈八尺八寸，石砌崖道概用游枋大

[1] [清] 王庭芝编：《重修通济堰志》，侯荣川整理，收入《中国水利史典. 太湖及东南卷》，中国水利水电出版社，2015，第 245 页。

[2] [清] 王庭芝编：《重修通济堰志》，侯荣川整理，收入《中国水利史典. 太湖及东南卷》，中国水利水电出版社，2015，第 250—254 页。

木。南广一丈一尺，北支广一丈二尺八寸，两崖各竖石柱，概用灰石。盖中支揭去木概，则水尽奔中、下二源，而南北之水不流，中支闭木概，则水分南北注上源。自逐次修改，古制久湮"①。

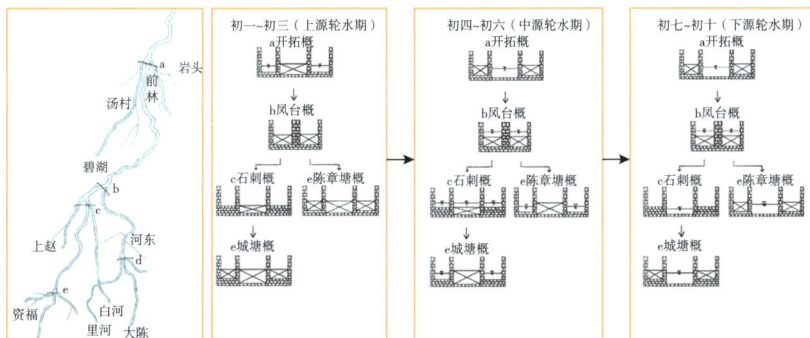

图4-7　明代三源轮灌期主要概闸启闭示意图（以万历年间为例）

▲ ＊明代分水大概除凤台概用平木分水以外，其余都用游枋揭吊。

初一至初三轮灌上源：开拓概开南、北二支概，中支闭闸，中支以下凤台概、石刺概、陈章塘概、城塘概皆闭闸。

初四至初六轮灌中源：开拓概闭南、北二支概，中支开闸，凤台概木水平不揭起，水漫而下。凤台南概水下石刺概，石刺中支闭闸则南、北、中三支水齐平，中支水又下城塘概。城塘概东西二支概开闸灌中源，中支闭闸。凤台北概水下陈章塘概，陈章塘中支闭闸，则水至中源止，东西二支开闸灌平原西部大陈庄以上中源各庄农田。

初七至初十灌下源：开拓概、凤台概启闭与中源轮灌期时同。凤台南概下石刺概因中支渠底高程低于南、北二支，中支开闸引水时水顺流而下至城塘概，而南、北二支无水。城塘概中支开闸引水，闭东、西二概，水经中支灌下源各庄。凤台北概下陈章塘概依城塘概法，闭东、西二支，开中支概，灌溉平原西部大陈庄以下下源各庄农田。

从文中所述情况来看，古制不复的原因并非由于主持修缮者

---

① ［清］王庭芝编：《重修通济堰志》，侯荣川整理，收入《中国水利史典·太湖及东南卷》，中国水利水电出版社，2015，第250—254页。

不明旧规，而是现实条件不允许一味地归附旧制，遂开拓概经历了"逐次修改"的过程，这其中也包括不合理的改造。在知府清安颁定《三源大概规条刻》前一年的岁修中，值年董事（公正）叶春标尝试将开拓概南、北二支闸底高程改为与中支齐平，导致上源轮水时北支分水过多，影响了中、下源的配水总额。所以同治四年（公元 1865 年）再次大修时"将中支放低一尺，加平水木一根，每年三月初一日，大斗门上闸后即闭平水木，俾南北中三支平流，无畸多畸少之患"。

整修后的开拓概，中支较南、北二支低一尺，每年三月初一开始，通济堰出水口大斗门下闸，保证灌区渠道内有足够的水量供应春灌。此时松阴溪正值丰水期，灌区可供水量较为稳定，因此三月一日到四月底期间，只需开拓概中支放一尺高平水木，使三支渠底高程齐平，下游各闸依开拓概例启闭闸门，则上、中、下三源皆能得水灌溉。到农历五月时禾苗开始进入生长期，灌溉需水量倍增，为保证灌区供水不受旱涝影响，每年五月初一起正式实行"三源轮灌制"。初一戌时至初三戌时，先灌上源，此时开拓概"于先一日戌时刻，中支再加木一根"[1]。至第三日戌刻，上源灌足；轮灌中源，南北二支关闭，而中支开启，沿线凤台、石刺皆开南、中、北三支，城塘概开南、北（又称东、西）二支；轮灌下源，城塘概中支揭起，其余各闸依照开拓概启闭先闭南、北二支等小渠，放任中支顺流而下（图 4-8）。

三源轮灌制是保障灌区水量分配合乎利益的官方准则，最大限度地维持了灌区水利秩序的稳定。至今灌区仍在旱时采取轮灌

---

[1]［清］王庭芝编：《重修通济堰志》，侯荣川整理，收入《中国水利史典.太湖及东南卷》，中国水利水电出版社，2015，第 267 页。

方式，对有限水资源进行合理的时空分配。

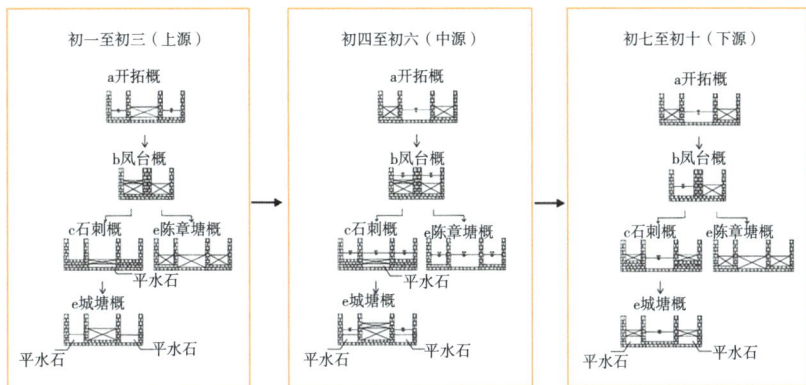

图 4-8　清代三源轮灌期主要概闸启闭示意图（以同治年间为例）

▲ ＊清代通济堰古制大改，凤台概东支顺直、西支曲缓，故在东支另设木枋五寸，使中源轮水期时东、西支水持平；

又在石刺、城塘概处设平水石调节各概分水量。

初一至初三轮灌上源：开拓概开南、北二支概，中支闭闸，中支以下凤台概、石刺概、陈章塘概、城塘概皆闭闸，有平水石处下平水石。

初四至初六轮灌中源：开拓概闭南、北二支概，中支开闸，凤台概木水平不揭起，凤台南概水下石刺概，石刺中支下五寸平水石及尺厚游枋一根。

中、东、西三支水平流：中支水又下城塘概。城塘概东西下平水石，中支上二枋；凤台北概水下陈章塘概，陈章塘概三支揭起，放水至大陈庄。

初七至初十灌下源：开拓概启闭与中源轮灌期时同，凤台概揭东支平水木，使水畅流而下至石刺概。石刺概闭南、北二支，揭中支游枋与平水石，使水畅流至城塘概，城塘概东西二支上平水石与游枋，中支二枋揭起，水经中支灌溉下源各庄；凤台北概以下陈章塘三支闭概蓄水，供概上民田车斗。

三、灌区用水管理的时代特征

人类学家亨特认为，当灌溉面积超出 100 公顷时，极有可能需要由一个高度统一的权威机构来管理[1]。而通济堰灌区"官督民

---

[1] 石峰：《非宗族乡村——关中"水利社会"的人类学考察》，中国社会科学出版社，2009，第 112 页。

"办"的管理模式，正符合了这一观点。在这个模式中，官方享有对水资源的初始分配权，这与今天的水行政管理极为相似。在一个跨村级灌区，除了单个田户间的水事纠纷外，更多的是村与村之间，上、中源与下源间的纠纷。政府作为灌区利益集团的局外人，对灌区民间管理组织人员的选定是否有助于行使公平管理起到把控作用。然而，传统制度因人治因素浓厚，在初始分配权和决定权上，受限于"总负责人"。如宋代堰规将下源上田户列为民间管理组织的首领，是以实现灌溉面积的最大化从而确保灌区的整体利益，防止上、中源强占水源断绝下源水脉，表面上这是一项公平之举，实则埋下了另一隐患。如遇亢旱年份下源无水时，会因必须保证下源利益而牺牲上、中源的利益，明代万历期就曾遇到此类情况，知府樊良枢试图以先灌下源解决下源之苦，而下源行灌四日后上源因不得用水田秧告病。因此樊良枢在他颁布的《通济堰新规八则》中调整了堰长的选举方法，摒弃了对持有田亩数的硬性要求而更注重"德才服众"，以为更好地执行贯彻公平原则。

"官督民办"的第二个特征，则是在面对跨源、跨村的水利纠纷时，政府作为权威机构，对行使用水分配享有绝对的权威性。有时由于客观条件的局限性，会令"公平性"受到影响，在找到妥善解决办法前需要牺牲一部分用水户的利益。由政府出面说明，则宣告了这一分配方式的权威性，在一定程度上有利于水利秩序的稳定，避免用水纠纷的扩大化。如明代万历时期，因寻找适应当时用水需求的分水方法未果，知府樊良枢只能发布告示，规定"朝三起怒而阳九必亢，卒不得其权变之术，乃循序放水，约为定期，以示大信，如其旱也，听命于天，虽死勿争"，是通过政府的权威性对无法改变的现实情况做出选择，并强调不可擅自更改[①]。

"官督民办"的第三个特征，则是"民"的参与。一方面，乡绅士族是堰规有力的执行者，另一方面，这些士族往往在一庄一村内享有民间绝对的"话语权"，为维护内部水利秩序，保护可用水源，他们常制定"乡规民约"作为堰规的补充。千百年来，这些各村的用水公约也成为灌区管理制度的一部分，延续至今（图4-9）。

图4-9 里河村与渠道相连的古井与村民用水公约

通济堰灌区用水管理的文化世代传承在每一座村庄，里河村也是其中之一。它是一个以吴姓为主的村落，宋已有之。通济堰灌渠穿村而过，渠旁两口井为生活水源，吴氏祠堂旁边的墙上刻有用水公约。

通过对传统通济堰灌区管理特征的考察，我们了解到通济堰灌区是因水利工程灌溉效益而形成的水利社会，灌区内水利秩序的稳定是建立在权利与义务"公平分配"的原则基础上的，它与行政意义上的乡、村建制不同，是由共同利益联结成的利益集

①［清］王庭芝编：《重修通济堰志》，侯荣川整理，收入《中国水利史典·太湖及东南卷》，中国水利水电出版社，2015，第255页。

团①。官民合作的管理体系与用水户权利与义务公平分配的原则是通济堰工程经久发挥效益的关键，"官方"与"民间"通过互动互补的方式致力于灌区的水利管理，以保障水利目标的实施。

自宋代以来就形成了由州府、县邑、乡村基层三级相互制约、官民合作的管理模式。在具体执行过程中，官与民各司其职，政府机构通过制定堰规、发布告示和主持岁修祭祀活动执行监督权，并通过地方精英的社会权威性与积极性来维持水利社会秩序的平稳。从宋代的上田户到清代的绅董，地方精英都是活跃在地方水资源管理事务中的主要力量。至迟在南宋初期，灌区就形成了依据秧把数和户等高下"堰首—上田户—专差—甲头"的民间管理体制。官府通过对这些由地方精英构成的基层管理组织的授权与认可，参与堰务管理的方方面面，以实现政府权力在乡村基层的延伸。形成于北宋的堰规，就是官方对民间自发产生的水利秩序的总结和升华，堰规对每年的赤历发放、堰簿关割和岁修主持等工作进行了明确，实则是为强调政府在对管理组织的人员选派、堰事工费上的监督权。明清时期政府一度加大对灌区管理事务的投入，明代基层管理组织中的"堰长—总正—公正"大多出自行政赋役系统中的官吏，然而明代后期推行的赋税政策打破了这一格局，乡绅系统成为灌区水利秩序维护的主要力量。他们凭借自身地位和政府的授权，介入灌区的工程岁修、工费征集和用水分配，既是官方政策的实施者，也是民间用水户的代言人，更是水利集团内共同利益的维护者。

无论地方精英为何种形式，官民合作的管理模式在 12 世纪后

---

① ［日］斯波义信：《宋代江南经济史研究》，江苏人民出版社，2001，第 223 页。

已定型。工程的日常管理和养护都由民间管理组织负责，遇到重大工程则须层层上报，最终由州府选派代表进行人员的组织和工役摊派。一般渠首、干渠的修缮、疏浚由政府组织灌区所有用水户完成，而支渠及支渠以下渠道则由民间管理者按段分配给各村（庄）承包完成。这种自上而下、官民结合的管理制度与中国传统社会乡村结构和文化相适应，水利公共工程将地方政府和灌区用水户联结为具有利益相关的共同体，由士大夫担任的地方官员负有兴修水利、稳定社会秩序、造福百姓的权责意识，而以地方精英为代表的民间管理者所具备的社会地位和传统文化理念有助于官民沟通，帮助维护地方水利秩序，确保水资源公平分配和工程的可持续运转。

随着乡绅阶层的没落与消失，传统的乡村社会结构被打破，乡村基层管理中产生了断层，不得不加大国家权力的投入。但值得注意的是，管理部门权责是否明晰，会直接影响地方用水户的积极性。如若管理部门不能充分发挥其职责，水利社会中的经营阶层就会出现断层，这对维护水利集团的长远利益显然是不利的。

第五章　区域水文化和水神崇拜

传统社会对农业的依赖，使得水资源在人们生活生产中的重要性表现得尤为突出。碧湖平原内人与水的不可分割性，鲜明地体现在由工程修建与管理所衍生出的以水神祭祀建筑与水神崇拜行为为代表的特色水文化之中。治水传说与民间信仰的互相渗透能够在精神和行为层次上给予大众慰藉与支持，通过水神崇拜与岁修、灌溉仪式的融合，官府、乡绅、民众不同阶层间实现了有效沟通，这为工程的延续和有效管理注入了活力[①]。中国古人的信仰世界具有多元化和功利性，水神崇拜的对象，多是自然的神灵与被神化了的治水功臣。

通济堰灌区各类水神庙大多是为管理的需要而修建的，同时又被赋予了镇水、安民等社会功能，水神的出现和有关祭祀制度的完善，也是工程和区域社会发展的重要组成部分。在 1500 多年的历史中，通济堰特有的水神崇拜和祭祀对整座工程的管理和碧湖平原的民风民俗都产生了影响。它代表着中国传统农业社会中因对水的依赖与敬畏而产生的普世信仰。政府管理者将这种普世信仰运用于灌区的水利秩序的维护中，民众普遍接受，进而成为灌区民众与管理层沟通的桥梁，久而久之形成了历史时期通济堰

---

① 谭徐明：《古代区域水神崇拜及其社会学价值——以都江堰水利区为例》，《河海大学学报》，2009 年第 1 期。

灌区特有的文化形态。而与灌区祭祀及管理文化间接相关的历代碑刻、堰志、诗词、沿渠建筑等，是灌区工程历史发展中文化形态的实物见证，也是研究通济堰的重要资料。

第一节　水神祭祀及其利用

汉代开始，国家的礼制规定了凡治水有功的地方官员，应立祠建庙，享祭祀礼。唐时，以《贞观礼》和《开元礼》为代表的国家祀典，对祭祀礼制进行修整，形成了完善的"天—人—地"祭祀等级系统，从中央到地方都有了相应的水神祭祀活动，并按春秋祭祀。主祀官通常为地方最高级别的行政长官，并有固定的祭祀场所。这种政府主持的水神祭祀，往往带有政治色彩。在乡村水利工程中，官方主持的水神祭祀，是借助民间信仰的神灵，来传播政府在灌区管理事务中的绝对话语权与权威性，这是中国古代社会官与民沟通的有效桥梁。通济堰灌区自宋起，就有了明确的水神祭祀活动。以龙王庙为例，清代以前龙王庙只作岁修祭祀和接待政府官员之用，添香扫洒之事都由值年堰首（堰长）负责。嘉庆年间因乡绅捐助庙田添设了庙祝，到道光年间，庙祝可以在官府允许的情况下设馆收徒。在长期的演变过程中，龙王庙的功能由专门的政治功能向政教合一转变，政府允许添设庙祝和设馆收徒的实质是为借用民间信仰潜移默化地影响民众精神，以文化软着陆的方式表明自身的权威，以维护灌区水利秩序的安定。

一、水神祭祀建筑

龙庙春、秋二祭是有史记载的最早的灌区官方水神祭祀活动。

龙庙，即今天位于碧湖堰头村西南角的龙王庙，历史上也称作"堰庙"。始建年代无可追溯，但就北宋处州知府关景晖于元祐八年（公元1093年）重修龙王庙一事推断，至少可确定的它在11世纪之前就已存在。里间传闻，始建通济堰的二位司马在修建拦河坝时曾多次失败，后受神龙的化身——白蛇点化，在今址筑拱形堰，竟成。为表达对龙神的敬意，建此庙供奉。又因二司马筑堰有功，"恐二司马之功遂将泯没于世"，后世之人将二司马也奉于龙王庙内，配享祭祀，希望以此作为祭祀有功于庙者的开端，使人鉴之，重视对工程的维护管理。

南宋范成大在《通济堰规》中规定：龙庙"一岁之间，四季合用祭祀"。同样有祭祀活动的，还有叶穴的龙女庙。这座庙始建年代亦不详，今遗迹不存，但南宋范成大在乾道四年（公元1168年）的通济堰规中已有对叶穴龙女庙的描述："堰上龙王庙、叶穴龙女庙，并重新修造。非祭祀及修堰，不得擅开，容闲杂人作践"[1]。可以看出从北宋开始，龙王庙、龙女庙就成为政府以祭祀为由，立威授信的场所。管理者通过龙神在民众心中不可违背的信仰权威来灌输用水户对水利工程尊重与保护的责任意识。二庙"仰堰首锁闭看管，洒扫崇奉，爱护碑刻，并约束板榜。堰首遇替交割，或损漏，即众议依公破工钱修葺"，明确了二庙非一般问香礼佛之地，而是用作存放碑刻、约束板榜，举办与工程管理相关的水事活动的场所。管理灌区的堰首、叶穴头负有对庙中日常扫洒以及庙旁水利工程巡查、查漏、报修之责。

到了明代，对龙王、龙女庙的水利管理功能更加明确。万历

---

[1]［清］王庭芝编：《重修通济堰志》，侯荣川整理，收入《中国水利史典·太湖及东南卷》，中国水利水电出版社，2015，第250页。

十五年（公元 1587 年）丽水知县樊良枢在《丽水县文移》中提到修缮二庙目的有三："一则栖神崇祀，以存报功报德之典；二则官司往来巡视以为驻劄之所；三则令门子看守以时洒扫启闭，仍令闸夫每月轮值二名，常川歇住，一遍守闸防透船泄水之害。[1]"即说明龙王庙、龙女庙的主要功能就是管理，通过祭神祀贤向民众申明信义、整诉人心、明确水利社会秩序。祭神的对象一是千百年民间传说中的水神龙王，二是对灌区工程有巨大贡献的詹、南二司马和何澹。13 世纪时南宋参知政事何澹将渠首拦河坝由木筱结构改为砌石结构后，工程 300 年未有大修，因其筑堰有功在明代被列入司马庙，与詹、南二司马一同供奉，甚至民间流行将何澹尊为何丞相，并将龙王庙称作"丞相庙"。中国民间信仰的建构，原型源于对现实社会的模拟，将这些治水功臣冠以官衔并列入神位是中国传统社会官僚体系与神灵体系的互相作用的结果[2]。官方显然接受了民间冠以它的头衔，并将其纳入祭祀之列，也是为了借助他们在民间公共精神中的地位来巩固自身在水利秩序管理中的权威，恰好这种方式也很容易被灌区民众所接受。樊良枢在《通济堰新规八则》中对龙王庙的祭祀做了详细规定，从此，灌区以官方为主导的祭祀活动成为水利管理中的例行事务：

"每年备猪、羊一副，于六月朔日致祭，须正印官同水利官亲诣，不惟首重民事，抑且整肃人心，申明信义，稽察利弊，

①［清］王庭芝编：《重修通济堰志》，侯荣川整理，收入《中国水利史典. 太湖及东南卷》，中国水利水电出版社，2015，第 245 页。

②李俊杰：《逝去的水神世界——清代山西水神祭祀的类型与地域分布》，《民俗研究》，2013 年第 2 期。

首自是奸民不敢倡乱"①。

六月朔日是灌区开斗门引水的时间，将龙王庙的祭祀时间定为每年的六月初一，并要求祭祀的主持必须有正印官和水利官一同参与，祭品规格是与诸侯、卿大夫祭祀宗庙时所用的同等"少牢"。这在乡村水利工程祭祀中已属较高等级，可见当时政府对祭祀的重视程度。

清代龙王庙和龙女庙都有官方举行的祭祀活动。每逢六月初一龙王诞辰祭祀，兼祭龙女庙时"官绅须自备夫马上堰头致祭。应办五牲一副，三牲二副。开灯设祭，鼓乐，即午散胙。②"从祭祀的时间看，祭祀开始日期与堰规约定开始轮水日期相吻合。此外，每逢大修时节，还有专门官员祭祀，或修前祭拜派工、整肃人心，或修后"以报岁功"。这种仪式的威力类似于都江堰灌区的"开水节"，是政府施以水利灌区社会成员的道德约束。清代二庙添设专职庙祝维持日常管理，二庙的功能范围扩大。嘉庆十九年（公元 1814 年）董事生员魏有琦捐田请设庙祝，并立西堰庙岁修户收纳二庙应完堰租。道光年间又规定庙祝可雇工辅助侍奉打扫，并且经官方批准可以开馆授课。说明此时二庙除了官方祭祀功能之外，还兼具民间文化功能。在管理组织推行堰规条约时，祭祀仪式作为官方授权与代表的精神向导，起到了笼络与凝聚人心的作用。特别是在每年的轮水制度执行与岁修中，涉及用水户权益分配问题，通常由官方人员出面组织祭祀活动(图5-1、图5-2)。

---

① ［清］王庭芝编：《重修通济堰志》，侯荣川整理，收入《中国水利史典．太湖及东南卷》，中国水利水电出版社，2015，第 255 页。

② 陈婧：《重现"翻龙泉"民俗活动，探析道教文化记忆》，《大众文艺》，2015年第 10 期。

图 5-1　堰首龙王庙现状

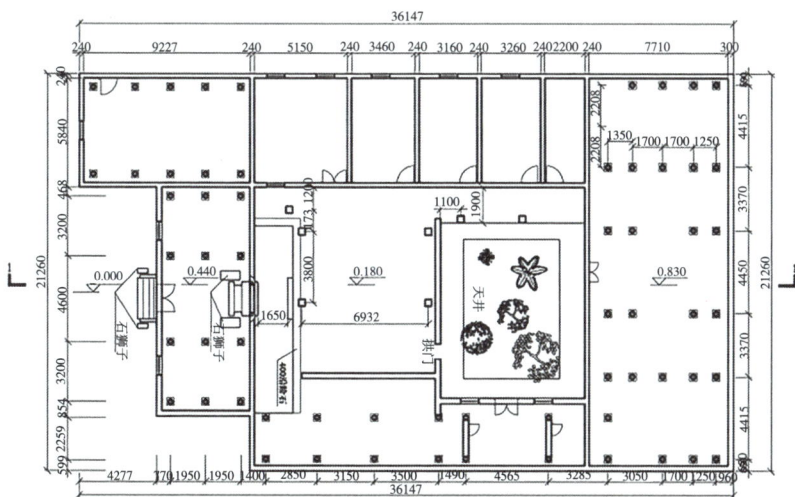

图 5-2　堰首龙王庙平面图（1∶150）

（图片来源于丽水市文保局通济堰全国重点文物保护单位记录档案）

　　清代除堰首龙王庙、叶穴龙女庙外，碧湖镇上还出现了龙子庙、报功祠和西堰公所。碧湖镇兴起于明，到了清朝是灌区最大的镇，位于灌区上、下两源旁中之地，故而成为各源董事、经理商酌堰

务的会集地。为方便各源管理者相聚议事，清代嘉庆年间在碧湖镇建起了西堰公所，遇到闸务事宜看管该闸的闸夫需报明经董，由经董到碧湖西堰公所内着住守。役夫邀集，各董会商举办。公所内每日备午点一次，不设酒饭，致多靡费。至值年岁修绅董六人，每年终时各给薪水洋四元，由堰租内开支，以酬其劳[①]。龙子庙在西堰公所前，又称詹、南二司马寺或报功祠，顾名思义，是为祀奉龙子与詹、南二司马的。随着碧湖镇行政与经济地位的崛起，灌区的管理重心也由堰头村向碧湖镇转移，碧湖镇建龙子庙和詹、南二司马祠，与堰首龙王、叶穴龙女相呼应，也是为借用龙王之子的名号祈求水神庇佑。龙子庙中的龙子与龙王、龙女不同的是，这里的龙子并非虚构的水神，而是由被神化了的人神——詹、南二司马衍生而来。在当地传说里最初筑堰的詹、南二司马是受龙神指点而开窍，久而久之他们便被神化成了龙太子侯的两名儿子——红、绿太子。根据光绪年间的《堰租开支章约》记载，碧湖镇龙子庙每年有春、秋二祭，皆由值年董事置办祭礼香烛[②]。春祭开始于每年的三月初三，中国传统称上巳节，寓意春耕初始之际。届时碧湖镇会举行盛大的庙会，以龙子庙为出发点，驾红、绿二太子（神化了的詹、南二司马）出巡，出巡时设路祭，归殿后演戏，一直持续到农历四月十二日。龙子庙的春祭时间刚好与堰首大坝闭闸引水、开始灌溉相吻合，主持者是官方授权管理的地方精英代表，参与者是灌区民众，其性质与堰首龙王庙相比更

---

① ［清］萧文昭：《处州知府萧为修堰善后建西堰公所示谕》，收入《通济堰志》第二卷，同治庚午年重修本，第18页。

② ［清］朱丙庆：《堰租开支约章》，收入《通济堰志》第二卷，清宣统刻本，第29—30页。

具民俗化特点。至于秋祭，则是在八月中秋，灌区民众把历代先贤敬为人神大仙，把中秋节看成是大仙生日，在中秋节举行祭拜大仙、颂先贤、庆丰收的活动。两次庙会合称"双龙庙会"，民间又称"大仙庙会"。双龙庙会沿袭至今，已成为灌区民俗的一部分，会上除传统祭祀外，还加入了舞龙、荷花灯会和处州乱弹表演等民俗艺术活动。2012年以来，双龙庙会先后被列入莲都区和丽水市非遗保护名录（图5-3、图5-4、图5-5）。

图 5-3　当代灌区双龙庙会开幕式（2013 年）

图 5-4　当代双龙庙会舞龙活动

从工程管理的角度来看，堰首龙王庙以及其后衍生的龙子庙、报功祠与西堰公所将水神祭祀、民俗崇拜与水利管理融为一体，是出于跨源、跨村级水利社会对水权管理、水资源公平分配等正常秩序维系的需要，它与灌区的水利工程相依相存，共同维护灌溉系统的延续。

二、镇水兽

在保定至周巷的"高路"段堰堤是通济古道的一部分，也是通济堰干渠堤岸险工段。高路距离保定村约500米，堤一面临山溪，是填方石堤段，与右岸农田高差悬殊有近2米。这一段主干渠还是大弯道，凹岸受激流顶冲易崩坍，因此在干渠大转弯右岸设有镇水石犀一座（图5-6）。

石犀是中国农业社会对耕牛崇拜的衍化。在机械化耕作出现以前，牛是农耕中的主要劳力，故而牛的

图5-5　当代翻龙泉表演

▲ "翻龙泉"原为道教文化活动，为祈雨。双龙庙会春祭之日，会在堰头龙庙"翻龙泉"，以祈丰收。

地位逐渐凸显甚至被神化，古人对牛神的崇拜实则是希望雨水适时，农耕守时。又因牛五行属土，取土克水之意，石牛、铁牛常被安放在水利工程的险要地段，以求固堤安澜，犀牛因其形如牛，

图 5-6　保定石牛遗址

能行水，也被列入水神一种，也被赋予了辟水、镇水的神力。保定高路处的这尊石牛，身体通长 135 厘米，宽 60 厘米，高 36 厘米，底座长 160 厘米，宽 67~76 厘米，厚 12 厘米[①]，四足自然弯曲，并刻出足蹄。雕刻简洁生动，自然古朴。《通济堰志》中，宋、元、明等碑刻、文献均未提及石牛，文物部门推测这尊石（犀）牛很可能产生于宋代。而历史上可能通济堰灌区内还不止这一尊石牛，道光二十六年（公元 1846 年）的《丽水县志》中就有提到"石犀桥，在县西五十里石犀牛。上通、遂二邑，岸近溪易崩，故仿李冰在成都故事，为石犀厌之"。然今石犀桥不存，仅留高路段石犀，伏于田边，向路人诉说着千年堰水流淌的过往。

---

① 浙江省文物局辑:《通济堰全国重点文物保护单位记录档案》（2004 年），丽水市莲都区文化局档案。

第二节　灌区衍生文化

通济堰不仅为碧湖人民带来丰裕富足的生活，也造就了独一无二的地域特色与千姿百态的灌区衍生文化：历代堰碑、官堰亭、文昌阁等建筑，以及记载工程管理与水事活动的堰志、诗词、说唱鼓词等，它们本身虽无水利功能，但却因这座工程而生，见证着通济堰的历史与现在，是工程文化衍生的物质遗存或精神产物。

一、文昌阁和叶氏家族

文昌阁坐落在通济堰主干渠上石函三洞桥的北侧，东西走向，是古时官道、灌区水道的必经之路（图5-7）。为碧湖望族叶氏一族所建，据《南阳郡叶氏堰头人房家谱》记载，叶氏在唐代封居松阳，其后人于北宋熙宁年间迁入碧湖平原：

图5-7　石函三洞桥边的文昌阁

"松之东乡界，丽之西鄙，丽有通济渠，由斯障大溪之水以归渠灌西乡四十里田禾，俗谓之西堰。斯地也，所以名堰头

也。居斯地者其始祖叶应期公于熙宁年间由卯山迁居于此。椒
衍瓜绵，素称望族。[1]"

从家谱可知，叶氏迁入堰头村的时间比元祐七年（公元1092
年）处州知府关景晖大修通济堰时还要早，而通济堰主干渠上的
排沙闸——叶穴大约建于元祐至政和年间，其位置正好处于叶氏
家族的土地上，叶穴之名由此得来。南宋推选保定上田户任叶穴头，
人选也很可能来自叶氏家族的一员。叶氏家族到了清代嘉庆年间
人才辈出，前后获得功名者有数十人，这些获得功名的叶氏成员
也就自然成为通济堰灌区乡绅士族的一支主要力量，开始陆续担
任通济堰管理层中的总理董事或值年董事。课题组开展田野调查
时，曾访问过碧湖叶氏宗祠，宗祠中一位叶姓老人翻出叶氏家谱，
其中有记录叶氏祖先建文昌阁、守通济堰的故事。所以说，尽管
文昌阁本身与通济堰工程并无关系，但它的存在见证了叶氏家族
与通济堰的联系，也是通济堰工程水文化的一部分（图5-8）。

图5-8　碧湖叶姓老者展示家谱中有关文昌阁与叶氏祖先的故事（李云鹏提供）

类似的水文化建筑，还有官堰亭、何澹墓以及沈家老宅等，

---

①吕孔昭：《堰头叶氏七公祠重修宗谱序》，《南阳叶氏堰头人房家谱》，丽水保
定叶氏家族收藏。

它们本身并非通济堰水利设施的一部分，但却承载了与工程相关的人物历史信息和文化内涵。如灌区现存的3座官堰亭，是建在通济堰渠边的河埠亭，亭有驳岸，下通渠水，可供灌区用水户生产、生活取水之用，因古时通济堰被当地百姓称为"官堰"而得名。而何澹墓（图5-9）和沈家老宅（图5-10），前者的主人何澹，将通济堰工程技术推上了一个新的水平；后者的主人沈国琛，纂修《通济堰志》，为后人留下了通济堰这座伟大工程的珍贵资料。墓葬与老宅，不仅仅是历史文物，更是物主生前身后对这一区域及时代影响的文化印迹。

图5-9　万象山石像生
（图片来源于丽水乡土网）

▲　宋代重臣何澹墓石像生在碧湖凤凰山多次被盗，几乎无存。其父何偁墓前石马、武俑，亲家王信墓前一部分残存石像生，20世纪80年代初迁移至万象山"烟雨楼"前保护。

图5-10　碧湖沈家邸

◀　碧湖沈氏于清雍正年间为避战乱从福建迁徙而来，以商业起家。到了沈国琛（清光绪二十六年庚子科恩贡生，曾担任通济堰总理事）一代，已是"产业弥增，田园广置，富甲一方"。当时碧湖街上几家大的商号店铺大多为沈家的经营物业，如广裕百货、广和食品、广兴绸布等。沈氏为碧湖望族，崇斯尚礼，敦厚家风，口碑传之一方。

二、堰头村古建筑群

堰头村得名于通济堰。古时为"栝苍古道"（史称"官道"）必经之处，隶属于松阳县。明、清时是叶氏家族的聚居地，堰头村以叶氏一族为大。松阳叶氏于明代迁居于碧湖，至清乾隆、嘉庆、道光鼎盛，科甲不断，仕宦众多，他们世代居于碧湖堰头一带，对堰头村村落格局有着重要影响。由于通济堰渠首工程古今布局变化不大，主干渠行经路线更是 800 余年来没有改变，两岸古樟环抱，栝苍古道自东向西沿渠的北岸而过，道旁有路亭，有社庙，有民居、店铺，至今保留的古民居约 20 座，其中多数为清中晚期所建（图 5-11、图 5-12）。主要有堰头村 55 号"南山映秀"、51 号"景星庆瑞"、49 号"三星拱照"、40 号"玉叶流芳"、38 号"光荣南极"、36 号"懋德勤学"、26 号"佳气环居"、56 号"社公庙"，以及"节孝流芳"牌坊，还有临街的 10 号、12 号、14 号等店铺民居。

古堰、古渠、古道、古民居构成了堰头村特有的景观格局和文化风貌。2006 年，堰头村被公布为丽水市文化名村。

图 5-11　堰头村古民居

图 5-12　"懋德勤学"题匾

▲ "懋德勤学"民居建于清道光二十三年（公元 1843 年），系一座三合式二层楼宅院。回字格石板铺设天井，厅堂五开间，厢房各边三间。大门开启右侧转轩上，前檐墙为马头墙。中堂后壁悬挂"懋德勤学"题匾，显示了主人崇德尚礼，耕读传家之风。

三、保定窑遗址

通济堰流经的第一个村庄——保定村，位于碧湖镇的西南方向，松阴溪入瓯江汇合口的东北侧，西倚山，南与大港头镇隔江相望。通济堰干渠穿村而过，距通济堰大坝约一公里。古时保定系处州府治丽水通往上游五县的水陆咽喉，为"通济古道"要津，自保定渡大溪（瓯江）经大港头入云和县，称南道；自保定过界牌入松阳县境，称西道。历史上，松阴溪上游崇山峻岭，森林茂密，燃料充足，保定境内瓷土丰富，而通济堰又为窑业提供了必要的水路交通条件和生产保障。得益于斯，保定在宋代成为瓯江流域的瓷业中心，出产的青瓷顺瓯江直下可达温州港，甚至走海上丝绸之路远销南洋。元代，保定窑业步入鼎盛，成为官制窑品，出产窑器上皆印有蒙古八思巴文。但是，保定窑所产窑器较为粗糙，明代后就不再为官方所需，所产的青瓷碗碟逐渐沦为民间用品。历史上曾有保定窑36处，除今12号为宋窑外，其余均为元、明窑址，为市级文物保护单位（图5-13）。

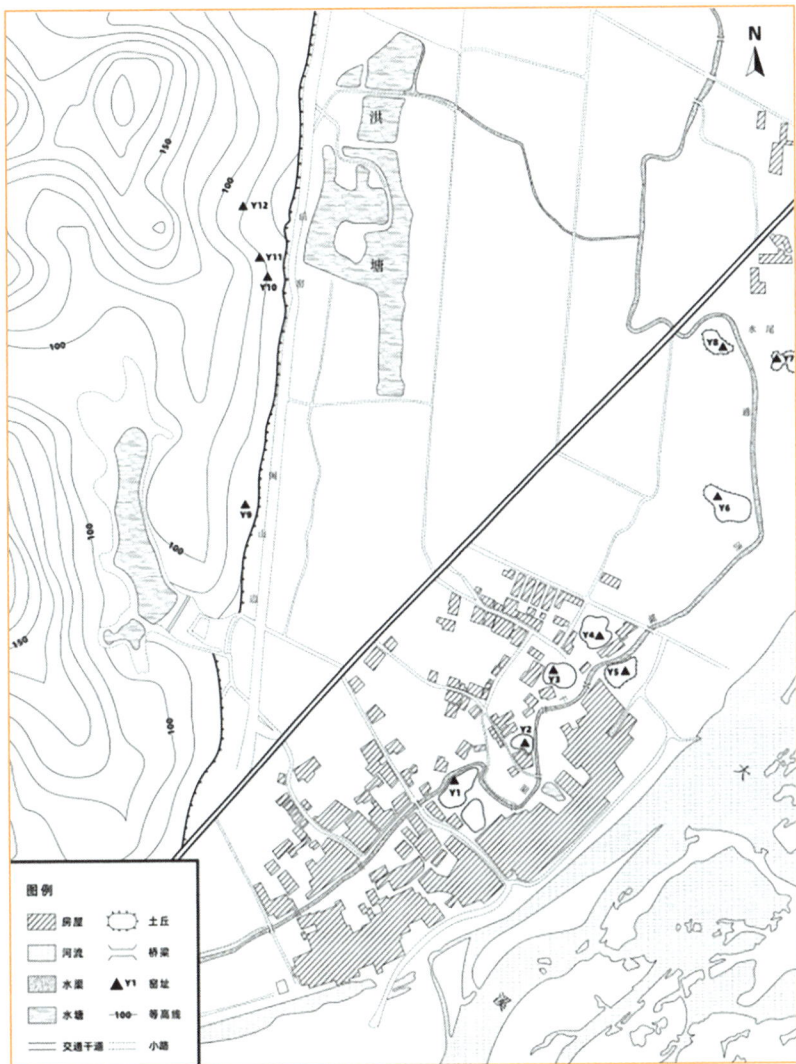

图5-13　保定古窑遗址（图片来源于《丽水保定窑址调查研究报告》）

四、碧湖集市

清代，碧湖平原上集市密布，有九龙市、保定市、碧湖市、石牛市、堰头市、高溪市，等等。保定镇，设税局。清代在碧湖设分县。清末民初，碧湖镇区成为丽水、宣平、松阳、云和、青田边境一带的贸易中心，瓯江码头船舶如织，大街小巷商铺林立，南北货物琳琅满目，成为"邑西一都会"。碧湖镇原以丑、辰日为市，有大、小行之别，新中国成立后，曾改为三、八日为市，近又以每旬一、六日为市。20世纪60年代，增辟大港头市，每旬一、五日为市。内汤街（里汤街）和人民街（上街、下街）是旧时碧湖镇的两条商业街，清代诗人曾描写这里"遥知碧湖畔，晚市暗戍戍"，连晚上都熙熙攘攘，可见繁盛之象。20世纪50年代，碧湖集市仍是当地与周边乡镇重要的交易市场。80年代初，北乡双溪、何金富、库头、里东建立了农贸、兔毛、木材交易市场。城关和碧湖镇两地，每年农历十二月二十日起至月底，每日都成"市日"，谓"日日行"（图5-14）。

图5-14　20世纪50年代初的碧湖集市

然而，随着城市的飞速发展，以农业为主的碧湖平原逐渐跟不上时代脚步，碧湖集市也因此渐而衰落。直到碧湖新区规划提出后，这座受堰水滋润的小镇借助"古堰——田园"找到了新生方向，在未来田园城的建设目标下，碧湖集市昔日的喧嚣与繁华想必归来不远（图5-15）。

图 5-15　碧湖镇上的老商铺

第三节　堰碑与堰志

历代的堰碑与堰志，也是灌区水文化的物质遗存，更是记录历代通济堰发展重要的工程档案。

一、通济堰碑刻

通济堰的官方管理和纪事始于北宋。目前所见最早堰规为南宋乾道五年（公元1169年）处州知府范成大所修。此后历代均有堰规修订，并刊刻于石，立于堰首龙庙，以示民众。现存于龙庙中庭的 23 方堰碑，有宋碑 1 方、元碑 1 方、明代重刊碑 1 方、明代开拓概分水水则碑 1 方、清碑 11 方、民国碑 4 方、新中国文物标志碑 3 方，另有无名碑 1 方（图 5-16）。这些碑刻都是记录通济堰工程历史管理信息的文化遗存，是研究我国古代水利工程的珍贵资料（表 5-1）。

图 5-16　龙庙中的通济堰碑刻

表 5-1　　　　　通济堰碑刻一览表（公元 1169—1947 年）[①]

刊刻年代	碑名	内容	规格（高 × 宽）厘米
南宋乾道五年（公元 1169 年）	重修通济堰规碑	范成大《重修通济堰规》文	168×92
元至顺二年（公元 1331 年）	重修通济堰记	《重修通济堰记》	194×86

①浙江省文物局辑：《通济堰全国重点文物保护单位记录档案》（2004 年），丽水市莲都区文化局档案。

刊刻年代	碑名	内容	规格（高×宽）厘米
明洪武三年（公元 1370 年）	通济堰碑图	①重刊南宋赵学老《丽西通济堰图》及碑阴；②重刊北宋关景晖《丽水县通济堰詹南二司马庙记》	194×86
清康熙三十三年（公元 1694 年）	重建通济堰碑记	刘廷玑《重建通济堰碑记》	220×108
清嘉庆十九年（公元 1814 年）	重修处州通济堰碑记	韩克均《重修处州通济堰碑记》	185×112
清道光九年（公元 1829 年）	重修通济堰记	黎应南《重修通济堰记》	188×88
清道光九年（公元 1829 年）	修朱村亭堰堤乐助缘碑	叶楚《修朱村亭堰堤乐助缘碑》	186×88
清同治五年（公元 1866 年）	重修通济堰记	清安《重修通济堰记》	188×89
清同治六年（公元 1867 年）	开拓概碑	清安《三源大概规条刻》	177×87
清同治六年（公元 1867 年）	重修西堰颂碑	西乡士民《郡守清公修通济堰颂》	171×93
清同治十三年（公元 1874 年）	钦加知衔丽水正堂彭为碑	彭润章《钦加知衔丽水正堂彭为》	100×58
清光绪二十四年（公元 1898 年）	处州府正堂谕	赵亮熙《处州府正堂谕》	144×84
清光绪二十六年（公元 1900 年）	处州府示禁碑	赵亮熙《钦加道衔赏戴花翎在任侯升刀特授处州府正堂赵为》	100×62
清光绪三十三年（公元 1907 年）	颁定通济西堰善后章程碑记	萧文昭《颁定通济西堰善后章程碑记》	170×83
民国十九年（1930 年）	丽水县公署谕碑	《丽水县公署谕》	127×71.5

刊刻年代	碑名	内容	规格（高×宽）厘米
民国二十八年（1939年）	大修通济堰纪念碑	《大修通济堰记》	280×36
民国三十六年（1947年）	重修通济堰记	徐志道《重修通济堰记》	157×80
民国三十六年（1947年）	专员兼保安司令公署告示	徐志道《浙江省第九区行政督察专员兼保安司令公署告示》	143×67

（1）宋《重修通济堰规》碑

刻于南宋乾道五年（公元1169年），时任处州知府范成大书丹。《重修通济堰规》碑，高168厘米，宽92厘米。碑刻上部分为堰规正文，其下部还刊有字体较大、字迹较深的"跋语"。范氏堰规是目前可见最早的通济堰官修堰规。正面碑额刻楷书"重修通济堰规"。堰规原有21条，现存19条，其中详细地规定了管理机构、人员、维修、灌溉放水、岁修等管理办法，是一部较为全面、实用的管理章程，此后历代在此基础上不断发展，形成一套完善科学的管理体系。清道光《栝苍金石志》称："范公条规，百世遵守可也"。

（2）元《重修通济堰记》

刻于元至顺二年（公元1331年），处州路总管兼管内劝农事月忽难篆额，温州路瑞安州判官叶现书丹。《重修通济堰记》碑高194厘米，宽86厘米，为现存唯一的元代通济堰碑刻。碑文记载了至顺元年（公元1330年）春，郡长中大夫也先不花、郡守大中大夫三不都公奉命遣处州邑宰组织重修通济堰一事。碑额篆书

"重修通济堰记"，碑文行书，字迹小部分剥蚀漫漶，大部分尚可识读。

（3）明《通济堰图》

明洪武三年（公元 1370 年）重刊，原碑为南宋绍兴八年（公元 1138 年）赵学老《丽西通济堰图》碑。高 194 厘米，宽 86 厘米，刊刻在元至顺二年（公元 1331 年）叶现《重修通济堰记》碑阴。碑额题楷书"通济堰图"，字径 11 厘米。堰图占碑面约三分之二，较详刊绘了宋代通济堰水系的分布情况。碑下部分别重刊了宋元祐八年（公元 1093 年）处州知州关景晖的《丽水县通济堰詹南二庙记》碑文，及宋绍兴八年（公元 1138 年）丽水知县赵学老《丽水通济堰规题碑阴》。

（4）明《重修丽水县通济堰碑》

刻于明万历三十六年（公元 1608 年）五月，浙江参政车大任撰文并书丹，赵辉言篆额。碑高 220 厘米，宽 90 厘米。碑额篆书"重修丽水县通济堰记"，字径约 6.5 厘米。碑文楷书，字径约 2.2 厘米。碑体基本完好，但表面绝大部文字模糊不清。碑文记载的是明代万历年间丽水知县樊良枢修浚通济堰的事迹。

（5）清《重建通济堰碑记》

刻于清康熙三十三年（公元 1694 年），工部右侍郎徐潮撰文，碧湖贡生叶孕兰书丹。高 220 厘米，宽 108 厘米。圆形碑额，篆书"重建通济堰碑记"，字径 12 厘米，周围线刻"云龙"纹图案。碑文清晰，楷书，前题"栝郡刘侯重建通济堰碑"。碑文字径 2 厘米。碑文记载的是清代处州知府刘廷玑重修通济堰的事迹。

（6）清《奉宪勒碑永禁》

刻于清乾隆四十五年（公元 1780 年），该碑撰文、书者不详。

高 131 厘米，宽 57 厘米。碑额楷书"奉宪勒碑永禁"，字径 6.5 厘米。碑文楷书，字径 3 厘米。碑体基本完好，表面字迹漫漶不清，主要内容为知县龙度昭下令示禁填埋洪塘耕种。洪塘，通济堰灌区渠系配套工程之一，承担了通济堰排洪蓄水的重要功能，据记载为南宋参知政事何澹以洪州兵所筑，故名"洪塘"。

（7）清《重修处州通济堰碑记》

刻于清嘉庆十九年（公元 1814 年），温处道兵备韩克均撰文，青田训导张慧书丹。碑刻高 185 厘米，宽 112 厘米。碑额隶书"重修处州通济堰碑记"，字径 6 厘米。碑文楷书，字径 2.5 厘米，内容为处州知府涂以辀修浚通济堰并制订堰规之事。

（8）清《重修通济堰记》

刻于清道光九年（公元 1829 年）。丽水知县黎应南撰文并书丹。高 188 厘米，宽 88 厘米。碑额篆书"重修通济堰记"，字径 9 厘米。碑文楷书，字径 3.5 厘米，主要记载了清代黎应南在任上修建通济堰的经过。

（9）清《修朱村亭堰堤乐助缘碑》

刻于清道光九年（公元 1829 年），松阳贡生叶楚书丹并篆额。高 186 厘米，宽 88 厘米。碑额篆书"修朱村亭堰堤乐助缘碑"，字径 9 厘米。碑文楷书，字径 1.5 厘米。内容为清道光七年（公元 1827 年）灌区民众捐资修筑通济堰斗门至朱村亭段堤堰的过程和捐助者名单。

（10）清《重修通济堰记》

刻于清同治五年（公元 1866 年），处州知府清安撰文，碧湖贡生王庭芝书丹。高 188 厘米，宽 89 厘米。碑额楷书"重修通济堰记"，字径 7 厘米。碑文楷书，分大小不同的两种字体，字径分别为 3 厘米、2 厘米。碑文内容为清安在处州任时组织灌区民众修浚通济堰的过程。

（11）清《重修西堰颂》

刻于清同治六年（公元 1867 年），碧湖增广生林萃良书丹。碑高 171 厘米，宽 93 厘米。碑额篆书"重修西堰颂"，字径 12 厘米。碑文楷书，字径 3.5 厘米。碑题《郡守清公修通济堰颂》，碑文内容记述了处州知府清安修堰事略，并有西乡士民公叩颂词。附录通济堰三源董事姓名。

（12）清《开拓概碑》

刻于清同治六年（公元 1867 年），高 177 厘米，宽 87 厘米。碑额"开拓概碑"，楷书，字径 8 厘米。碑文楷书，字径 2.5 厘米，内容为处州知府清安的通济堰三源受水规条。清王庭芝《通济堰志》存录此碑全文，题作《三源大概规条石刻》。

（13）清《钦加知衔丽水正堂彭为》碑示

刻于清同治十三年（公元 1874 年），高 100 厘米，宽 58 厘米。款题"钦加知衔丽水正堂彭为"，碑文楷书，内容为处理新亭庄孙连富、孙俊杰、孙庚有、孙吉昌等人自行私挖小渠引水事件所立的告示碑。"丽水正堂彭"即丽水知县彭润章，清同治七年（公元 1868 年）进士，曾在任上组织修纂同治版《丽水县志》。

（14）清《处州府正堂谕》

刻于清光绪二十四年（公元 1898 年），丽水知府赵亮熙撰文，碧湖贡生魏瑗书丹。碑高 144 厘米，宽 84 厘米。原题楷书"告谕" 2 字，现仅留"谕"字下半部分。碑文前有"钦加道衔赏戴花翎在任候升道特授处州府正堂赵为"，字径 5.5 厘米。碑文字径 3 厘米，楷书，刊刻内容乃光绪年间处州知府赵亮熙增修三源用水规定。

（15）清《钦加道衔赏戴花翎在任候升道特授处州府正堂赵为》示禁碑

刻于清光绪二十六年（公元1900年），赵亮熙撰文，魏葆昌书丹。碑高100厘米，宽62厘米。碑石完整，字迹清晰。文前竖题书"钦加道衔赏戴花翎在任候升道特授处州府正堂赵为"，字径2.5厘米，楷书。碑文楷书，字径1.5厘米。碑文刊通济堰三源分水规条。

（16）清《颁定通济西堰善后章程碑记》

刻于清光绪三十三年（公元1907年），萧文昭撰文。碑高170厘米，宽83厘米。外周有线刻"云龙"纹装饰。碑额题隶书"颁定通济西堰善后章程碑记"，字径7厘米。碑文行楷书体，字径1.7厘米。字体多变，多处有异体字、简体字。此碑出土于碧湖龙子殿后侧，后移至碧湖镇政府处。碑文记载的是光绪三十二年（公元1906年）大修通济堰后，处州知府萧文昭对通济堰日常管理的规定。

（17）民国《丽水县公署谕》

刻于民国十九年（1930年），高127厘米，宽71.5厘米。前题有"丽水县公署谕"，字径4厘米。碑文楷书，字径2厘米，为丽水县公署就王瑞炳与吕调阳等互争三源水利一案，经审理后的庭谕内容。

（18）民国《大修通济堰纪念碑》

刻于民国二十八年（1939年），是一座截面为正方形的长方柱形纪念碑，截面约36×36厘米，高280厘米。碑文清晰，行楷，分别刊"大修通济圳（堰）纪念碑"、丽水县长朱章宝撰通济堰修浚介绍、浙江省农业改进所所长莫定森撰修浚内容及通济堰水利管理委员会委员立石名单。正面竖排"大修通济圳（堰）纪念碑"，字径 13 厘米。丽水县长朱章宝撰通济堰修浚介绍、浙江省农业改进所所长莫定森撰修浚内容，并附通济堰水利管理委员会委员立石名单。

（19）民国《重修通济堰记》

刻于民国三十年（1947 年），督察区专员徐志道撰文，碧湖阙良材书丹。碑高 157 厘米，宽 80 厘米。碑题"重修通济堰记"，楷书，字径 6 厘米。碑文行楷，字径 2.5 厘米，内容为是年修浚通济堰的过程、费用支出等情况。

（20）民国《浙江省第九区行政督察专员兼保安司令公署告示》

刻于民国三十六年（1947 年），徐志道撰文并书丹。碑高 143 厘米，宽 67 厘米。字迹深清晰，字径 7 厘米。该碑为记载通济堰过船闸启闭之相关规定。

（21）1962 年 文物标志碑

（22）1982 年 浙江省文物保护单位通济堰标志碑

（23）1999 年 浙江重点文物保护单位通济堰标志碑

（24）2002 年 全国重点文物保护单位供给与标志碑

二、《通济堰志》

《通济堰志》是一套完整的工程技术档案，文字记载跨度长达 600 年。它的编修始于明万历三十六年（公元 1608 年），由当时丽水县令樊良枢主持编撰，首次汇编宋、元、明历代碑记，辑成堰志，并刊刻成书。后又经乾隆二十一年（公元 1756 年）、道光二十四年（公元 1844 年）、同治九年（公元 1870 年）、光绪三十四年（公元 1908 年）四次重修增补，今浙江省图书馆古籍部藏有同治九年（公元 1870 年）王庭芝主持编撰的《通济堰志》木活字版一册（不分卷），

以及光绪三十四年（公元 1908 年）沈国琛纂修的《通济堰志》木活字版（二卷）。此外中国水科院水利史所还藏有清代宣统木活字印本，是同治九年（公元 1870 年）和光绪三十四年（公元 1908 年）两本堰志的合订版本。同治版《通济堰志》约 4 万字，而光绪版《通济堰志》是对同治以后堰务内容的增修，一直到光绪三十四年（公元 1908 年）止。《堰志》中碑传序记作者大多为参与堰务管理的地方官员或由地方官员委托叙写修堰一事的知名文人，此外，《堰志》还收录了记载修堰事务的官府檄文、官方告示，因此史料的可信度和真实度都较高，可作为后世研究古代水利法规以及灌区用水管理的珍贵资料，其中所包含的历代以民为本、利益均摊的管理理念和官民结合的组织模式、水权制度管理值得当今水利管理研究者借鉴。

第六章　世界灌溉工程遗产中的通济堰

在世界广袤的大地上，分布着丰富多样的人类文明，古老的灌溉工程就是其中之一。2014 年，国际灌溉排水委员会（ICID）开始在世界范围内评选灌溉工程遗产，旨在了解、保护和宣传传统灌溉工程的历史价值，总结学习可持续灌溉的哲学智慧。而这些已成为世界遗产或将要成为世界遗产的古老灌溉工程，都经受住了历史的考验。它们没有成为历史中西风残照的废墟或旧卷中的刻板回忆，而是以自然与工程相融合的文化景观，向世界呈现着文明的奇迹。

在中国 5000 年的农耕文明中，因水资源和自然环境差异而产生了类型丰富、数量众多的灌溉工程。但能够延续千百年生命的工程，往往意味着其在规划、工程类型和管理上的可持续性，即使在现代科学技术发展中，其功能和效益仍在扩展。如安徽寿县的芍陂、四川的都江堰、广西的灵渠，又如浙江的通济堰。2014 年入选首批世界灌溉工程遗产的通济堰，有着 1500 多年不断持续使用的历史，它的规划与长历时的经营，无疑是传统灌溉工程可持续的典范。

第一节　遗产构成

通济堰的遗产价值由科学合理的传统工程技术、悠久的历史文化和持续的水利效益三方面构成。通济堰以巧妙的设计与合理的规划、完善的工程体系与工程管理制度，发挥了1500年的灌溉效益，使碧湖平原3万多亩农田受益，对碧湖平原乃至整个丽水地区的经济、文化发展起到的基础支撑作用，在地方发展史上具有里程碑的作用。渠首枢纽以其因地制宜的选址布局、独特的坝形设计，巧妙地利用周围地形地势与河流水文特性，实现了对引水、排沙、通航等多重功能的发挥，代表了同期水利科技的最高水平；12世纪建造的石函工程是历史上罕见的三层立体交叉式渡槽，它采用使溪水、渠水上下渠分流的形式，成功避免了汛期通济堰渠引水受其他山溪来水干扰，创造性地解决了行洪、引水、交通问题。灌区各级干支渠依照平原地势规划布局，可以以最少的工程设施实现最大面积的自流灌溉。

工程使用至今还保留着12世纪以来的总体布局和建筑风格，这不仅证明了传统工程规划的科学性与合理性，也诠释了古代水利工程的自然观与美学价值。曲顶低堰型的拦河坝设计不但是对环境地形与水流特性恰到好处的利用，也体现了中国传统建筑中的弧线之美。灌区依照自然地形构筑的渠系水网与穿插其间的湖塘，在实现有效的灌溉、蓄泄利用的同时也促进了沿途环境的改善。而渠道传统的砌石或卵石挡墙，既能有效固土保土，满足灌溉引水的基本要求，也有利于营造良好的生态环境，为当下生态渠道生态护岸理念提供借鉴，具有重要的生态价值。

南宋以来的官民合作、权责清晰的管理模式，是中国传统社会结构和政治文化的体现。历代记载管理制度的堰碑大多都完好地保存在堰首龙王庙中。由管理衍生出的祭祀、民俗文化，包括一年一度的龙子庙会等习俗至今在灌区得到延续。这些有形或无形的科技价值、历史文化遗存，集中体现了通济堰的遗产价值（表6-1）。

表6-1　　　　　　　　　　　通济堰遗产构成表

类别	名称			数量	技术特点/功能	遗产价值
工程遗产	渠首枢纽	拦河坝		1座	兼有蓄水、溢洪、引水、排沙、通航等功能	独特的坝形设计，因地制宜的选址布局和就地取材、简易灵活的建筑材料，体现了对河流水文特性、地理环境利用的自然观，代表了同期水利科技的最高水平
		进水闸		3孔		
		冲砂闸		2孔		
		通船闸		1孔		
	渠系工程	主干渠		6.14千米	分为1条主干渠，3条分干渠与321条支、毛渠，大多支渠都兼具灌溉和排水双重功能	各级干支渠依照碧湖平原的地形地势进行规划布局，可以用最少的渠系配套设施实现最大面积的自流灌溉，渠系走向至今未有太大改变，体现了工程布置的合理性，体现了工程的科技价值；遍布灌区的渠系水网改善了农业生产条件和周围环境，具有生态价值
		分干渠	东支	3.47千米		
			中支	18.12千米		
			西支	13.06千米		
		支渠		321条，121千米		
		毛渠				
		田间渠系		——		
	渠系工程	概闸		75座	节水、退水、泄洪等功能	通过对概闸尺寸、位置、启闭时间和启闭顺序的控制，实现对有限水资源的公平分配

类别	名称		数量	技术特点/功能	遗产价值
工程遗产	调蓄工程	湖塘	60个	提高工程在旱涝季节的调蓄能力，扩大灌溉面积，减少自然灾害对灌区生产生活的影响	利用天然洼地形成的湖塘，或通过人工开凿的方式将渠系与湖塘工程相连，既可起到对水量的调蓄作用，又营造了独特的自然景观，具有较高的生态价值，也体现了传统水利工程规划的科学性
	防洪工程	石函	3孔	石函用于分离渠水与季节性山溪，使之避免汛期被冲断的干扰；叶穴在历史上起到了为主干渠泄洪、排沙的作用	石函以独特的结构创造性地解决了两水相交的问题，使工程的灌溉面积和灌溉效益得以稳定，它的诞生代表了工程体系的完善；叶穴利用通济堰渠与大溪的落差解决了主干渠的泄洪、冲砂功能，体现了因地制宜的建筑理念
		叶穴	1孔		
非工程遗产	祭祀建筑	龙庙（龙王庙、詹南司马祠）	225平方米	存放堰碑、祭祀有功于堰者、接待政府官员、举行祭祀活动	工程管理文化的衍生，也是历史进程中区域自然环境和人文环境的必然产物，体现了传统管理与民间信仰融合的文化特质
		龙子庙	83.71平方米	举行春、秋二祭	
		詹、南司马祠	3间	祭祀堰事功臣	
		西堰公所（报功祠）		商讨堰务、存放堰寺租谷	
	历史建筑	文昌阁	77.2平方米	叶氏祠堂	通济堰工程影响社会人文历史及生产生活的实物见证
		官堰亭	3座	纳凉避雨	
		古桥	50余座	沟通两岸交通	

类别	名称		数量	技术特点 / 功能	遗产价值
非工程遗产	碑刻	碑刻	16 方	记载历代堰规及管理制度	是实证通济堰工程管理系统延续的重要文物
	镇水设施	石牛	1 个	警示工程险工段加强修防，镇水祈福	是工程管理与灌区水神崇拜的衍生产物
	文献资料	通济堰志	3 版	记录通济堰历史的专志	是研究通济堰工程发展的重要文献

第二节　通济堰核心价值：科学与技术成就

科技价值是灌溉工程遗产的核心价值。通济堰古代灌溉工程的科技价值体现在其工程规划、建筑设计及管理制度等方面。

一、科学的渠首工程规划

通济堰渠首枢纽及灌溉渠系的规划布置对水利工程理论及技术发展具有历史贡献。通济堰渠首是兼具蓄水、溢流、引水、冲砂、航运等综合功能的水利枢纽，渠首大坝选址于松阴溪与瓯江汇合口上游约 1200 米处，该处是碧湖平原的制高点，在此筑坝，水流在渠道内可以顺势而下，最大范围地自流灌溉农田。合理的堰址和堰顶高程既保证了灌渠引水量，也使汛期洪水能够安全下泄。13 世纪拦河坝由木筱土砾坝改建为砌石结构，并设冲砂闸、通船缺，成为具有蓄水、溢流、引水、冲砂、航运等综合功能的水利枢纽。除渠首设冲砂闸外，在干渠上还另外设有一处排洪排砂闸，是保障渠系安全的第二道屏障。渠首选址及工程布置科学合理，功能完备，是有坝引水枢纽工程的典范。

二、巧妙布置的渠系工程

通济堰干、支、毛等渠系覆盖碧湖灌区，层次分明呈竹枝状，节制、进水、退水等概闸配套工程完善，并有湖塘调蓄水量，完善的渠系在宋代之前就已形成。通济堰渠首枢纽、灌溉渠系工程的规划，以现代标准检视仍不失其科学性，对水利灌溉科学技术发展具有历史贡献。

三、完善而持续的管理制度

通济堰的管理制度，是中国传统水利工程管理制度的典型代表。历朝历代均有完整有效的管理制度和经营体系，实行有效的管理。其中，南宋范成大的《通济堰规》是最早的科学管理章程，起了典范作用。范氏堰规严格规定了机构、人员、维修、灌溉放水、岁修等方面的管理，是一部较为全面、实用的管理章程，也是研究我国水利管理史不可缺少的标本之一。此后历代在此基础上不断发展完善形成了通济堰管理史上一整套切实可行的体系，迄今仍具有很高的指导意义。通济堰这种官方与民间结合的管理制度是在中国传统社会结构和文化土壤中产生的。由士大夫担任的地方官员具有兴修水利、造福百姓的职责意识和文化传统；水利公共工程将灌区社会连接为共同体，由农村士绅阶层组织履行岁修等共同义务并协调用水公平。在此基础上，官方主持大的工程修建，并以政府权威制定和发布"堰规"，指导民间组织实施渠系的日常维护和用水管理。并且随着时代的发展和工程的演变，堰规不断更新，使管理制度永远能够适应工程和社会经济条件。因此，通济堰工程能够历久而不衰，持续发挥水利效益，通济堰亦能成为水利工程可持续性发展的典范。

第三节 遗产的经济文化价值

经济文化价值是世界灌溉工程遗产价值的重要组成部分，它反映了灌溉工程遗产诞生前后与工程发展各个阶段对地方经济、历史、文化的影响与互动关系，是评价遗产价值的重要指标。

一、显著的水利经济效益

通济堰的创建是碧湖平原经济社会发展史上的里程碑。丽水所在的浙西南地区俗称"九山半水半分田"，碧湖平原约 60 平方千米的土地是这里重要的农业区。公元 6 世纪通济堰的创建，使碧湖平原三分之一的土地水旱无虞，1500 年来一直是浙江南部的粮仓之一，这在长期以农业经济为主的中国历史上具有重要意义。通济堰工程的巨大水利功能，养育了世世代代丽水人民，是碧湖平原的经济命脉。古处州国赋 3500 石，丽水承担 2500 石，主要由通济堰灌区产出。目前灌溉面积为 2.98 万亩，灌区人口 3.54 万，灌区经济仍以农业为主，通济堰仍是碧湖平原经济社会稳定的基础支撑。除农业经济效益之外，兼有农村生活供水及生态、观赏效益。

除此之外，历史上松阴溪为通航河道，通济堰拦河大坝上专门设有通船闸，灌渠也可行船，还有航运效益。近几年来以通济古堰水利工程为主题的旅游和文化产业逐渐发展起来，形成古堰画乡风景区和文化产业园，成为丽水经济新的增长点。这是通济堰悠久的历史和深厚的文化所附加的经济效益。

二、影响深远的文化效益

通济堰自公元 6 世纪始建,至今已有 1500 年历史,水利功能从未间断,为碧湖平原的经济、文化发展发挥了重要的基础支撑作用。在通济堰建成前,碧湖平原只是浙南山区的一块被称为"火畈地"的河谷平原,通济堰的诞生改变了碧湖平原的水系环境,使原本缺乏稳定灌溉水源的土地有了耕作条件,这直接影响到平原内各镇与村落的形成。12 世纪初,碧湖平原的人口已是唐末的一倍有余,沿渠受益于通济堰水利而崛起的村镇,有些繁衍至今,如保定、碧湖、魏村、资福、石牛等。这些村落的格局与兴衰,与通济堰带来的经济、文化影响密不可分。

悠久的历史留下了丰富的文化遗产。除古老而完善的水利工程之外,灌区还有众多古村落,渠岸上矗立着千百年树龄的古樟树,留存着历代修堰碑刻、水利志书等丰富而完整的工程技术档案,这些文字记载跨度长达 1000 年,这在世界水利史上都是极为有价值的。通济堰深深影响了碧湖平原人民的生产、生活方式,甚至植入了每一代碧湖人的精神之中。世代相传的农耕文化、源远流长的水利文化,与现代文化产业、生态农业结合,为今天的碧湖平原注入了新生血液。2014 年,碧湖与隔江相望的大港头镇,共同组成了独具特色的"古堰画乡",被评为国家 4A 级风景区。依托古堰、画乡开发的摄影、写生基地和寻梦田园的生态旅游产业、山水人相融相济的绿色工业体系,成为当地的产业支柱乃至丽水莲都区新的经济增长点,更是丽水向世界展示自己的一张金名片。

附　录

国际灌排委员会与世界灌溉工程遗产

世界灌溉工程遗产（World HeritageIrrigation Structures，简称 WHIS）是国际灌排委员会（The InternationalCommission on Irrigation and Drainage ，简称 ICID）在全球范围内设立的世界遗产项目，旨在梳理和认知世界灌溉文明的历史演变脉络，在世界范围内挖掘、采集和收录传统灌溉工程的基本信息，了解其主要成就和支撑工程长期运用的关键特性，总结学习可持续灌溉的哲学智慧，保护传承利用好灌溉工程遗产。国际灌排委员会成立于 1950 年，是以国际灌溉、排水及防洪前沿科技交流及应用推广为宗旨的国际组织，目前成员包括 78 个国家和地区委员会，覆盖了全球 95% 以上的灌溉面积。2012 年在澳大利亚阿德莱德召开的国际灌排委员会执行理事会上，时任国际灌排委员会主席、中国水利水电科学研究院总工程师高占义发起，国际灌排委员会执行理事会批准并启动了设立"世界灌溉工程遗产"的相关工作；2013 年在土耳其马丁召开的国际灌排委员会执行理事会讨论通过了遗产申报评选的标准、程序、管理办法，形成初步管理和技术框架；2014 年开始正式在全球范围内启动遗产的组织申报和评选，每年公布一批。截至 2022 年 10 月，中国的世界灌溉工程遗产总数已达 30 项，在

全球范围已经有了比较广泛的代表性。

世界灌溉工程遗产名录（中国）

2014 年入选名单：

四川乐山东风堰、浙江丽水通济堰、福建莆田木兰陂、湖南新化紫鹊界梯田。

2015 年入选名单：

诸暨桔槔井灌工程、寿县芍陂、宁波它山堰

2016 年入选名单：

陕西泾阳郑国渠、江西吉安槎滩陂、浙江湖州溇港

2017 年入选名单：

宁夏引黄古灌区、陕西汉中三堰、福建黄鞠灌溉工程

2018 年入选名单：

都江堰、灵渠、姜席堰、长渠

2019 年入选名单：

内蒙古河套灌区、江西抚州千金陂

2020 年入选名单：

福建省福清天宝陂、陕西省龙首渠引洛古灌区、浙江省金华白沙溪三十六堰（即白沙堰）、广东省佛山桑园围

2021 年入选名单：

江苏里运河—高邮灌区、江西潦河灌区、西藏萨迦古代蓄水灌溉系统

2022 年入选名单：

江西崇义上堡梯田、四川通济堰、江苏省兴化垛田灌排工程

体系、浙江省松阳松古灌区

通济堰的申遗之路

2014年5月5日，中国国家灌溉排水委员会按照ICID关于首批世界灌溉工程遗产申报的通知和有关要求，发布了"关于组织申报世界灌溉工程遗产的通知"，中国大陆地区首批世界灌溉工程遗产遴选工作正式启动。通知中明确提出了申报项目的相关标准，并要求申报单位于2014年6月15日前将申报材料提交至中国国家灌溉排水委员会秘书处，灌排委将组织专家进行审查并择优向国际灌排委员会推荐申报。水利部江河水利志工作指导委员会和中国水利学会水利史研究会将该通知转发至各地水利厅（局）及国内各有关古代灌溉工程管理单位。

2014年5月22日，国际灌排委员会委员、中国水利水电科学研究院副总工程师、中国水利学会水利史研究会会长谭徐明教授带队专程赴丽水考察通济堰，向丽水市水利局介绍中国国家灌溉排水委员会正在组织中国的世界灌溉工程遗产申报工作，水利史研究会协助相关的技术工作，建议通济堰申报。时任丽水市市水利局局长饶鸿来同志高度重视，积极部署相关工作。

时间紧迫，丽水通济堰堰申遗工作启动之后，相应工作全面开展。在丽水市人民政府、市水利局的大力支持下，莲都区水利局作为申报主体随即开展收集工程资料、遗产环境勘察整治等相关工作；同时，中国水利水电科学研究院协助编制通济堰的世界灌溉工程遗产申报文本、指导拍摄申遗视频文件等工作；莲都区人民政府积极配合。各方面配合默契，加班加点，按时完成了申

报材料并提交国家灌排委员会。

　　截至 6 月 15 日，国家灌排委员会先后收到全国 15 项申报世界灌溉工程遗产的申请。中国国家灌溉排水委员会秘书处、中国水利学会水利史研究会共同组建的技术工作组，对所有申报材料进行形式审查和技术评估，初选出符合申报条件、申报材料规范、完整的项目建议名单，提交水利部农水司和国家灌溉排水委员会进行审议。通济堰顺利通过了初审。

　　7 月中旬开始，水利部农水司、国家灌排委员会组织专家组分别对通过初审的项目进行现场考察评估，通过评估的工程将被推荐至国际灌排委员会，正式参与全球首批世界灌溉工程遗产的角逐。

　　7 月 25 日，国内专家组对通济堰进行现场考察评估。专家组认为："通济堰灌溉工程遗产具有 1500 年的历史，用传统材料建造的 270 多米长的拱形拦河大坝，科学而完备的渠首布置和渠系规划，保障了灌区 3 万亩农田的用水，一个半世纪以来未对自然地理环境产生任何不良影响，代表了中国传统有坝引水工程科技的较高水平。通济堰水利工程使碧湖平原成为以山区丘陵地形为主的浙西南的重要产粮区，在中国传统农业社会中具有重要影响，在区域发展史中具有里程碑意义。通济堰工程体系及其管理制度，是中国传统灌溉工程的典型代表和活化石，是水利工程可持续利用的经典范例。"经过评审，专家一致同意推荐通济堰申报首批世界灌溉工程遗产。最终，浙江丽水通济堰、四川夹江东风堰、湖南新化紫鹊界梯田及福建莆田木兰陂等 4 项工程通过了现场考察评估，被选为中国首批世界灌溉工程遗产申报项目，中国国家灌溉排水委员会正式向国际灌溉排水委员会提交了申报材料。

据悉，首批世界灌溉工程遗产共有来自 9 个国家的 29 个项目申报。国际灌排委员会组织了来自不同国家的专家对项目进行了评审，获专家一致同意的项目，将提交至 9 月 14 日至 20 日在韩国光州召开的国际灌溉排水委员会第 65 届国际执行理事会，由各成员国代表投票决定首批世界灌溉工程遗产名单。

韩国光州，在当地时间 9 月 16 日上午，时任国际灌排委员会主席高占义教授主持了全体会议。ICID 副主席、首批世界灌溉工程遗产评审委员会主席拉加布博士对遗产评选标准及过程向大会做了详细说明，之后宣布了首批遗产名单，4 项中国工程全部通过国际专家评审和执理会投票认可，列入首批世界灌溉工程遗产名录，除此之外，来自日本等其他四个国家的 13 个项目一同入选。四川乐山市水利局郑志平局长作为中国申报项目的遗产管理单位代表从高占义主席手中接受了通济堰等中国四个世界灌溉工程遗产项目的证书。

时任国际灌排委员会（ICID）主席高占义教授主持会议
并发布首批世界灌溉工程遗产名录

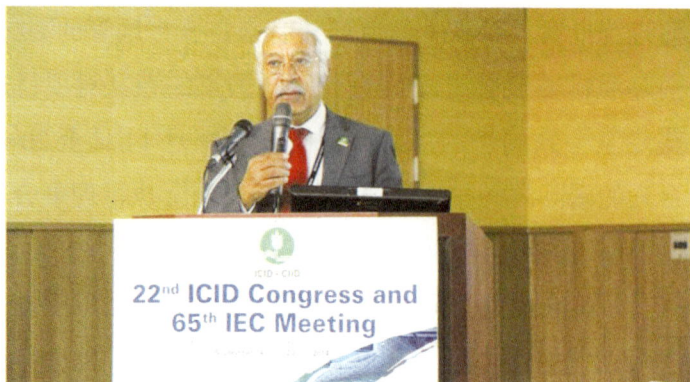

ICID 副主席、首批世界灌溉工程遗产评审委员会主席拉加布博士
宣布首批世界灌溉工程遗产名单

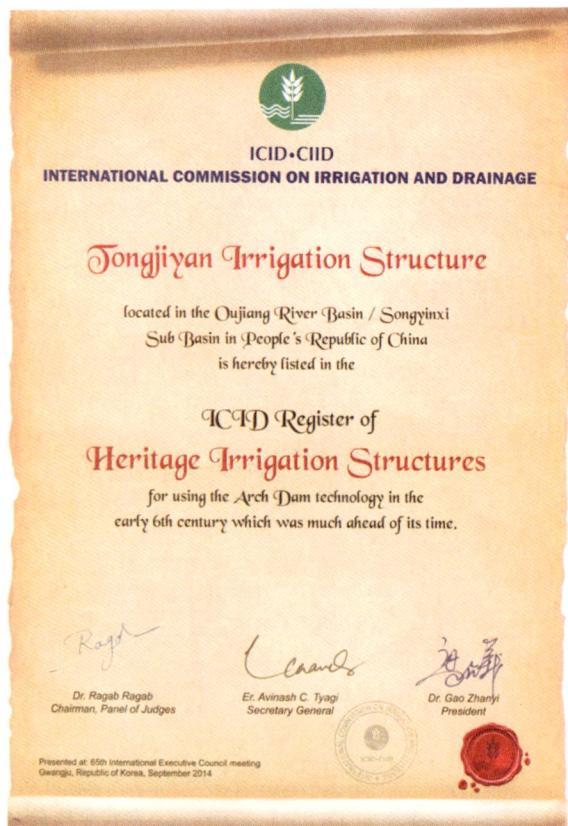

通济堰世界灌溉工程遗产证书

参考文献

［1］（清）潘绍诒.光绪处州府志,中国地方志集成（卷63）［M］.
上海：上海书店，1993.

［2］（明）何镗.括苍汇记,四库全书总目丛书（卷7）［M］.北京：
中华书局，2003.

［3］（民国）松阳县志编纂委员会.松阳县志,中国地方志集成（卷
67）［M］.上海：上海书店，1993.

［4］（民国）孙寿芝.民国丽水县志,中国地方志集成·浙江府
县志辑［M］.上海：上海书店，2000.

［5］葛剑雄.中国人口史（卷5）［M］.上海：复旦大学出版社，
2001.

［6］（西汉）司马迁.史记（卷114）［M］.北京：中华书局，
1959.

［7］（唐）李吉甫.元和郡县志［M］.北京：中华书局.

［8］冀朝鼎.中国历史上的基本经济区［M］.杭州：浙江人民出
版社，2016.

［9］（南朝梁）沈约.宋书,文渊阁四库全书·史部（影印版）［M］.
上海：上海古籍出版社，1987.

［10］漆侠.宋代经济史［M］.北京：中华书局，2009.

［11］（清）王庭芝编：《重修通济堰志》，侯荣川整理，收入
《中国水利史典·太湖及东南卷》，中国水利水电出版社，
2015.

［12］（清）沈国琛纂修，通济堰志［M］.宣统二年刻本，北京：
中国水科院水利史所藏.

［13］（元）脱脱.宋史·食货志（卷173）［M］.北京：中华书局，
1977.

［14］（明）宋濂.元史·仁宗本纪（卷25）［M］.北京：中华书局.

［15］朱伯谦，王士伦.浙江省龙泉青瓷窑址调查发掘的主要收获
［J］.北京：文物，1963.

［16］（清）张廷玉等.明史·列传二十一（卷133）［M］.北京：
中华书局，2000.

［17］周魁一等.二十五史河渠志［M］.北京：中国书店，1990.

［18］（清）左宗棠.左宗棠全集［M］.上海：上海书店，1986.

［19］曹树基，李玉尚.太平天国战争对浙江人口的影响［J］.上海：
复旦学报，2005.

［20］周率.民国元年温处水灾百年记［N］.丽水：丽水日报，
2012-09-10文史版.

［21］（民国）浙江省水利局.十年来之浙江水利建设［J］.杭州：
浙江省水利建设汇刊，1948.

［22］（民国）进行修复丽水通济堰［N］.丽水：丽水农情，
1938.

［23］（民国）徐家瑗.丽水通济堰工程［J］.丽水：浙江农业，

1939.

［24］（民国）浙江省水利局. 浙江省水利法规辑要［J］. 北京：
水利部江河水利志收藏馆藏，1948.

［25］莲都区水利志编纂委员会. 莲都区水利志［M］. 北京：方志
出版社，2009.

［26］（东汉）班固. 汉书·沟洫志第九（卷29）［M］. 北京：
中华书局，1962.

［27］莲都区水利志编纂委员会. 莲都区水利志［M］. 北京：方志
出版社，2009.

［28］崔瑞德，费正清. 剑桥中国明代史［M］. 北京：中国社会科
学出版社，1992.

［29］叶伯军. 通济堰［M］. 杭州：浙江古籍出版社，2000.

［30］林昌丈. 水利灌区管理体制的形成及其演变——以浙南丽水
通济堰为例［J］. 北京：中国经济史研究，2013.

［31］侯鹏. 明清浙江赋役里甲制度研究［D］. 上海：华东师范大
学，2011.

［32］李宗涛. 清代的乡绅与乡绅之治［OL］. 中国法学网，2013.

［33］钱金明. 通济堰［M］. 杭州：浙江科学技术出版社，2000.

［34］（清）王庭芝编，通济堰志［M］，同治庚午年重修本. 杭州：
浙江图书馆古籍部.

［35］［日］斯波义信. 宋代江南经济史研究［M］. 南京：江苏人
民出版社，2001.

［36］谭徐明. 古代区域水神崇拜及其社会学价值——以都江堰水

利区为例［J］.南京：河海大学学报，2009.

［37］李俊杰.逝去的水神世界——清代山西水神祭祀的类型与地域分布［J］，济南：民俗研究，2013.

［38］陈婧.重现"翻龙泉"民俗活动，探析道教文化记忆［J］.石家庄：大众文艺，2015.

［39］浙江省文物局.通济堰全国重点文物保护单位记录档案［Z］.丽水：莲都区文化局，2004.

后　记

　　2012年，我踏入中国水科院，师从谭徐明教授从事水利史研究。当时国家指南针项目刚刚启动，我有幸参与通济堰的价值挖掘与展示研究工作。而真正深入研究通济堰则是在2014年世界灌溉工程遗产遴选之际，彼时我的博士论文也进入选题阶段，我欣然接受导师的建议，一头扎进对通济堰的研究，在浙江图书馆抄录《通济堰志》孤本数月有余，又多次跟随中国水科院的专家团队前往实地考察，聆听莲都区水利局与丽水市水利局专家们的讲解。在这之后，我又独自留在碧湖月余，跟随当时在碧湖水管站工作了20余年的汤军满站长骑着电动车穿越在通济堰灌区的阡陌沟渠间，对照着规划中的水系图和南宋赵学老的水系图一条一条寻找对证干支渠的走向与现状，也曾走访乡间询问老者有关通济堰的旧闻。这段深入的考察使我收获良多，以步丈量实地验证了12世纪与今天灌区的水系关系，厘清了近千年的渠系演变历程。至今回想，仍是一段难忘的回忆。

　　然而，当时的我还不能做到多视角、多层次地解读通济堰的科学内涵，而我的导师和师兄在我撰写论文期间给予了我莫大的帮助，使我对通济堰的研究有了初步成果。随着阅历的增加，我对通济堰的感情犹如孩子对待母亲，我萌生了对这座1500岁古堰的保护欲与宣传欲。通济堰所包含的科学价值、历史文化价值、

生态价值是无法单纯地以现代水利工程的指标来评定的。作为首批世界灌溉工程遗产之一，通济堰有必要得到合理的保护与规划。而如何在保护遗产价值的基础上兼顾灌区的可持续发展，考验着现代管理者的智慧。我希望自己的参与与努力，能让这座古堰的价值为更多人所认同，也希望借助更为深入、系统、多视角的研究，激发传统水利工程的潜在价值，为古堰今生注入新的动力。

值成书之际，由衷感谢予以我学业、事业指导的谭徐明老师和李云鹏师兄。也感谢在我研究通济堰过程中帮助我的碧湖水利人饶鸿来、汤军满、潘波先生及吴俊青女士，以及《通济堰505–1949》一书的作者钱金明先生。感谢长江出版社对此书的资助和中国水科院给予我撰写此书的机会。

世界灌溉工程遗产的保护与宣传现仍处起步阶段，我希望能用余生在这项有意义的工作中尽绵薄之力。

2023年3月12日

陈方舟于杭州

图书在版编目（CIP）数据

  曲坝长波润碧湖 : 丽水通济堰 / 陈方舟著.
-- 武汉：长江出版社，2024.7
  （世界灌溉工程遗产研究丛书 / 谭徐明总主编 . 中国卷）
  ISBN 978-7-5492-8791-8

  Ⅰ . ①曲… Ⅱ . ①陈… Ⅲ . ①堰 - 水利工程 - 研究 -
丽水 - 梁国 Ⅳ . ① TV632.553

  中国国家版本馆 CIP 数据核字 (2023) 第 073729 号

曲坝长波润碧湖 ： 丽水通济堰
QUBACHANGBORUNBIHU：LISHUITONGJIYAN

陈方舟　著

出版策划： 赵冕 张琼
责任编辑： 钟一丹 罗紫晨
装帧设计： 汪雪 彭微
出版发行： 长江出版社
地　　址： 武汉市江岸区解放大道 1863 号
邮　　编： 430010
网　　址： https://www.cjpress.cn
电　　话： 027-82926557（总编室）
　　　　　　 027-82926806（市场营销部）
经　　销： 各地新华书店
印　　刷： 湖北金港彩印有限公司
规　　格： 787mm×1092mm
开　　本： 16
印　　张： 15.75
彩　　页： 4
字　　数： 180 千字
版　　次： 2024 年 7 月第 1 版
印　　次： 2024 年 7 月第 1 次
书　　号： ISBN 978-7-5492-8791-8
定　　价： 98.00 元